생기가
샘솟는
집

국립중앙도서관 출판시도서목록(CIP)

생기가 샘솟는 집 / 정동근 지음 — 파주 : 북하우스, 2003
p. ;   cm

ISBN 89-5605-086-4 13590 : ₩12000

188.4-KDC4
133.333-DDC21   CIP2003001681

생기가 샘솟는 집

정동근 지음

북하우스

풍수 인테리어로 당신의 집이 달라진다

요즘 같은 과학 만능 시대에 타고난 숙명에 따라 삶이 결정된다고 믿는 사람이 많지는 않겠지만, 그렇다고 적극적으로 좋은 운을 창출하는 비법을 아는 사람 역시 많지는 않을 것이다. 이 책은 '생활 속의 풍수'를 현대인의 주변 환경과 주거공간에 맞게 적용함으로써 좋은 운을 창출하여 우리의 삶을 윤택하게 하려는 것이 그 첫째 목적이다.

우리 주변의 '풍수'는 그 역사가 오래 되었지만 여전히 흉한 기운을 피하고 길한 기운을 지닌 묘자리를 찾는 음택풍수가 주를 이루고 있으며, 삶의 터전인 양택을 다루는 생활풍수도 미신으로 치부되고 있는 실정이다. 다행히 요즘 들어 생활풍수에 대한 연구와 적용 사례가 빈번해지고는 있지만, 연구자에 따라서 해석이 분분하고 원리를 망각한 채 일방적이고 고지식하게 이론을 적용하여 풍수의 가장 핵심인 '조화'를 오히려 깨트리는 우를 범하는 경우들이 많다.

그러나 사실상 풍수는 생활 속의 활력과 자신감, 건강과 행복을

얻기 위한 하나의 수단으로 고안된 것으므로, 이론의 습득과 더불
어 실생활에 바르게 적용할 수 있는 노하우를 깨우쳐야 비로소 그
진가를 발휘한다. 이러한 취지에서, 이 책에서는 실제 인테리어에
효과적으로 적용할 수 있는 핵심적인 풍수 원칙을 쉽고 간결하게
설명하였고 다양한 실례를 제시하여 독자의 이해를 도우려 애썼
다. 우리들이 풍수를 공부하는 가장 중요한 이유는, 삶을 풍요롭게
하는 실질적이고 합리적인 방법을 찾자는 것이지 시대에 뒤처진
검증되지도 않은 복잡다단한 이론 그 자체를 탐구하고자 하는 것
은 아니기 때문이다. 따라서 이 책에서는 지나치게 복잡하거나 현
실에 맞지 않는 고지식한 이론 설명을 탈피하고 대신 풍수에 관심
있는 독자들이 꼭 알아야 할 핵심적인 원리와 내용들을 쉽게 소개
하여서, 이 책을 읽으면 누구나 자신의 상황과 주거공간에 맞게 풍
수를 적절하게 적용할 수 있게 될 것이다.

　우리 주변에는 풍수를 단순한 미신으로 치부하는 사람들이 많지
만, 지금 미국에서는 풍수를 인간의 행복을 창출하는 동양의 신비

스러운 술법으로 여기며 사상과 문학, 건축, 인테리어 심지어는 도시계획에까지 광범위하게 응용하고 있다. 미국풍수학회 FSIA-FengShui Institute of America와 미국 인테리어 디자이너 협회 ASID-American Society of Interior Designers, 미국 건축가 협회 AIA-American Institute of Architects가 서로 긴밀하게 협조하면서 건축과 도시계획에 참여하고 있는 것만 보아도 풍수에 대한 그들의 높은 관심과 활용도를 짐작할 수 있다. 이 책에서는 이처럼 오히려 서구에서 연구가 더 활발히 진행되는 풍수법과 우리의 전통적 풍수법을 비교하면서 각각의 특징이 무엇인지 설명하여 풍수에 대한 좀더 폭넓고 다양한 응용법을 알아볼 수 있도록 하였다.

이제 우리는 전혀 낯설지 않지만 한편으로는 지금까지 베일 속에 가려져왔던 '풍수'라는 패러다임에 새롭게 접근해야 할 것이다. 풍수에서 말하는 '개인적 삶과 주거환경과의 조화'를 이루는 방법들에 대한 합리적이고 포괄적인 접근이야말로 현대사회에서 풍요롭고 자연스런 생명 에너지를 창출할 수 있는 궁극적인 대안이 될

것이다. 이 책을 통해 여러분의 집이 인간과 호흡하는 복된 주거환
경으로 변화될 것을 믿어 의심치 않는다.

　끝으로 많은 협조와 연구를 같이해 주신 풍림산업주식회사 상품
개발팀 관계자 여러분과 대동벽지주식회사 관계자 여러분께 심심
한 감사를 드린다.

차례

1. 생활풍수 인테리어의 첫걸음

바람은 온화하고 잔잔하며
태양은 밝게 빛난다.
물은 맑고
나무는 푸르고 무성하다.

하늘과 땅의 완벽한 조화를
떠올리게 하는 이 구절처럼,
우리가 풍요로운 자연 환경과 더불어
살 수만 있다면
그것은 참으로 행복한 삶이라고
할 수 있을 것이다.
이런 한 폭의 그림 같은 환경은
상상 속에서만 존재하는 것이 아니다.
약간의 노력으로 우리 주변을
이렇게 변화시킬 수 있다.
주변환경을 올바르게 개선하여
좋은 기를 생성하고
이를 통해 행복을 창출하는 것.
이것이 바로 생활풍수의
원리이다.

<table><tr><td>1</td><td># 생활풍수 인테리어란?</td></tr></table>

실내는 쾌적하고 편안하다. 동선이 짧아서 편리하면서도 가구 배치는 안정감이 느껴진다. 바닥재와 벽지, 집 안의 전체적인 색상이 조화를 이루어 마음을 상쾌하고 밝게 만든다.

이런 주거공간은 상상만 해도 기분이 좋아진다. 인간은 주변 환경에 막대한 영향을 받기 때문에, 주거공간은 거주자의 마음가짐과 운기에 큰 영향을 미친다.

주변 환경과 조화를 이루면서 동시에 자신의 기운을 상승시키는 주거공간이라면, 그곳에서 단 한 시간을 쉬어도 정신적으로 육체적으로 깊은 휴식과 재충전이 가능할 것이다. 생활풍수의 기초적인 원리를 이해하게 된다면 약간의 노력으로 우리 주변의 환경을 풍요롭고 조화롭게 만들 수 있다.

생활풍수生活風水는, 조상의 묘자리로 인하여 자손에게 길흉이 미친다는 음택풍수陰宅風水와는 구별된다. 생활풍수는 사람의 일상에 직접적인 영향을 미치는 주택, 사무실, 사업장 등의 양택陽宅을 그 대상으로 하여, 주변 환경을 올바르게 개선하고 좋은 기를 생성함으로써 행복한 삶을 살 수 있도록 하는 것이 주된 목표이다. 생활 풍수는 도시계획에서부터 테마파크 설계, 대형빌딩의 신축, 주택과 사무실의 공간 배치, 그리고 실내 인테리어에까지 광범위하게 적용될 수 있으며, 그 효과는 즉각적으로 우리의 삶에 영향을 미친다. 예를 들어, 가정에서 기의 흐름에 맞게 가구를 배치하고, 가족 구성원의 운기에 따라 실내 색상을 선택한다면 그것만으로도 기의 긍정적인 작용을 일으켜 삶을 윤택하게 변화시킬 수 있다.

사람은 주변 환경과 조화를 이루며 살아야 한다. 현대의 생활풍수는 주변 환경과의 조화를 원만하게 이루기 위해, 주역周易, 기氣, 오행五行 등과 같은 동양의 고대 철학, 부가적인 주술 수단, 그리고 체계적으로 정립된 현대의 지리학과 건축학, 인테리어 지식을 총동원한다. 생활풍수는 고전풍수를 현대적 개념으로 재해석하고 보다 유연하게 현대 주거공간에 적용한 것이다. 따라서 생활풍수의 원리에 따라 주거공간을 설계하고 인테리어를 하게 되면, 자연 환경과 인공적인 환경 그리고 인간, 이 세 부분이 서로 조화를 이룬 쾌적하고 건강한 집으로 꾸밀 수 있다.

풍수는 인간이 환경과 바람직한 조화를 이루기 위해 만들어낸 체험적 지혜이다. 오늘날 많은 풍수 이론들이 있고 많은 사람들이 관심을 가지고 있지만, 고지식한 해석과 엉뚱한 적용으로 오히려 풍수에 대한 오해와 혼란을 가져오는 경우도 허다하다.

'무조건 남향집이어야 한다.'

'머리를 북쪽으로 두고 잠을 자면 안 된다.'

아직도 이런 고정관념에 얽매여 있는가? 주변 환경이나 집의 내부구조는 고려하지 않은 채 특정방위만을 고집하는 것은 오히려 산만하고 부자연스러운 인테리어가 되기 쉽다. 풍수 인테리어를 적용할 때 가장 중요한 포인트는 기의 흐름을 읽는 것이다. 생활풍수적으로 공간을 살피는 포인트만 안다면 우리 집에 꼭 맞는 풍수 인테리어를 내 손으로 직접 할 수 있을 것이다.

주변상황을 유연하게 살펴라

현대 도시의 주거공간에서 좌청룡 우백호는 멀리 떨어져 있는 산을 의미하는 것이 아니다. 현대의 주거공간에서 좌청룡 우백호는 자신의 집 좌우측에 있는 건물의 형상과 규모를 의미한다. 따라서 좌우측 건물의 모양과 크기, 인접도로 등 주변 상황을 관찰하여 기의 흐름을 바르게 읽어낸 후에 출입구의 위치와 형태 등을 알맞게 조절하여 좋은 기를 받아들일 수 있도록 해야 한다.

기의 흐름을 편하게 볼 수 있는 위치를 찾아라

사람이 편안함을 느끼는 위치는 유입되는 기를 자연스럽게 받아 안을 수 있는 곳, 예를 들면 외부로부터 기가 유입되는 출입구나 창문 등을 편하게 볼 수 있는 곳이다. 이 원리를 알면, 건물의 정면

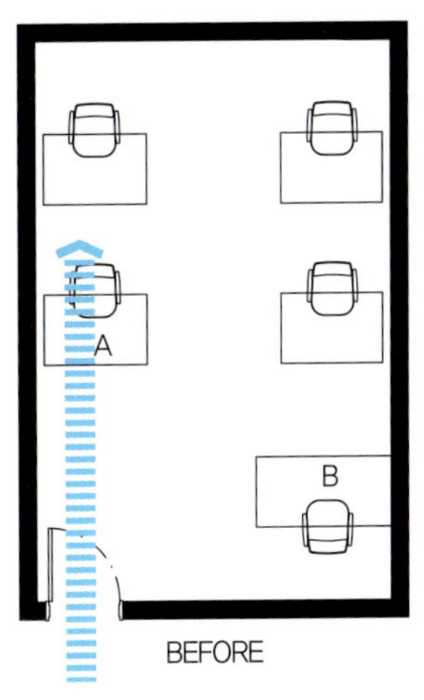

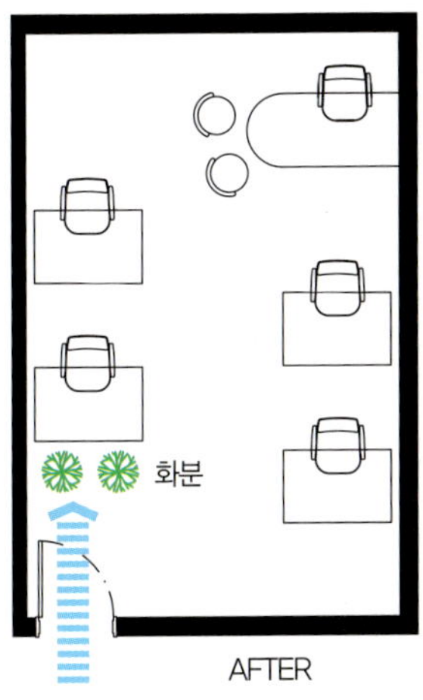

사무실 인테리어의 경우, 기의 흐름을 편하게 볼 수 있는 위치에 책상을 배치하면 업무 능률이 높아진다. 책상은 출입문을 바라보게끔 배치하는 게 가장 좋다. 그러나 출입문 바로 앞인 A는 곧바로 들이치는 기의 속도를 완화시키기 위해 앞쪽에 화분을 놓는 것이 좋다. 출입문을 등지고 있는 B는 방향을 바꿔 출입문을 바라보도록 재배치한다.

방향, 출입구의 위치, 침대와 소파와 같은 주요 가구 배치 등 건축
상으로나 인테리어상의 중요한 요소의 배치를 어떻게 해야 할지
자연스럽게 알 수 있게 된다.

　공부방이나 사무실의 경우, 기가 유입되는 출입문을 바라볼 수
있도록 책상을 배치해야 한다. 출입문을 등지고 앉으면 집중력이
저하되고 학습 효과가 떨어지게 된다. 마찬가지로 주택에서 소파
의 위치 역시 출입문을 통하여 들어오는 기를 자연스럽게 받아 안
을 수 있도록 출입문을 바라볼 수 있게 배치하는 것이 좋다.

　도로가에 지어진 건물들의 경우, 도로를 따라서 흐르는 기가 효
과적으로 유입되기 위해 건물의 정면이 도로를 향하도록 해야 한
다. 건물의 정면이 도로를 등지거나 도로의 방향과 어긋나 있다면,
마치 식탁을 등지거나 비스듬히 앉아 식사를 하는 형국이 되기 때
문에 좋은 기를 받아들일 수가 없다. 이런 건물에 입주해 있는 상
점은 거래처가 끊어지고 손님이 줄어들어 사업이 점점 어려워질
수밖에 없다.

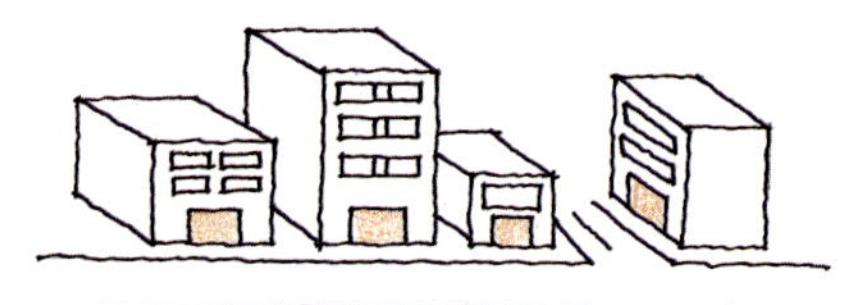

건물의 입구는 도로 쪽을 향하도록 해야 한다

기의 흐름이 편안해야 장사도 잘된다

　손님이 매장에 편안한 마음으로 들어와서 부담 없이 구경을 하다가 자연스럽게 구매를 하게 하려면 매장 안의 기의 흐름이 편안
하게 안정되어 있어야 한다.

　예를 들어 백화점의 매장 직원이 손님을 기다리면서 지나가는 사람들을 뚫어지게 주시하면 직원의 기가 지나치게 확장되어 손님
이 편안하게 매장에 들어올 수 없게 된다. 직원의 영역을 줄여서 손님이 편안하게 매장으로 들어오도록 하기 위해서는, 매장 직원이
물건이나 서류 등을 정리하면서 자연스럽게 바깥의 동정을 살피는 것이 좋다.

　매장 내의 제품 진열 방식도 주의해야 한다. 매장 내에 온갖 상품들이 빽빽이 진열되어 있어 통로마저 비좁다면, 상품의 기가 확
장되어 직원과 손님을 압박하게 된다. 이런 매장에서 근무하는 직원은 쓸데없이 분주하거나 아예 한쪽 구석에 처박혀 있게 되고, 피
로감을 느껴 손님에게도 불친절하게 될 것이다. 그리고 손님 또한 여유 있게 물건을 고를 수 없기 때문에 점차 그 수가 줄어들 것이
다. 좋은 매장을 만들기 위해서는 직원의 기, 상품의 기, 손님의 기가 조화롭게 어울려야 한다.

풍수의 원리는, 기의 유입과 유출을 조절하여 각자의 기운과 분위기에 맞는 조화로운 공간을 만드는 것이다.

풍수의 가능성은 균형과 변화에 의해 이루어진다

풍수에서는 조화를 얻기 위한 수단으로 균형을 강조한다. 균형이란 "어느 한쪽으로 치우치지 않고 고르다"라는 것이다. 우리는 오른손에 무거운 짐을 들면 상체를 왼쪽으로 기울여서 균형을 잡는다. 이처럼 사람의 몸은 다양한 여러 상황에 따라 자연적으로 균형을 유지하게끔 만들어져 있기에, 당연히 사람이 생활하는 공간 역시 균형이 맞아야 그 속에서 우리는 편안함과 좋은 기운을 느낄 수 있다.

만약 사무실이나 주택에서 뭔지 모를 불안한 분위기를 느낀다면, 그것은 그 공간이 주변 환경이나 전체적인 기의 흐름과 균형이 맞지 않기 때문이다. 이런 불균형으로 인해 생활에 많은 변화와 충돌이 생기게 된다.

그러나 풍수적으로 완벽하게 균형을 갖춘 공간을 만드는 것은 아주 어려운 일이며, 또한 지나칠 정도로 완벽하게 균형 잡힌 공간을 만들려고 하는 시도는 역설적이게도 오히려 바람직하지 않은 측면을 지니고 있기도 하다. 대개 완벽이란 불만이 없고 특별히 개선될 요구사항이 없는 상태인데, 이런 상태는 모든 삼라만상의 움직임과 변화하는 힘이 정체될 가능성이 다분하며 외부적으로 움직이는 힘도 약하기 때문이다.

호주의 수도 캔버라는 세계 여러 석학들이 모여서 계획적으로 조성한 도시이다. 인위적으로 호수를 만들고 숲을 조성하여 나름대로 완벽한 환경을 만들었지만, 정작 캔버라 주민들은 분위기가 정적이고 정체되어 있으며 사는 재미를 느낄 수 없다고 말한다.

이처럼 지나치게 완벽한 공간을 꿈꾸면서 인간의 목적에만 초점을 맞춰 환경과 주변 형상을 바꾸고 훼손하는 것은 한편으로는 변화와 발전을 가로막는 원인이 될 수도 있는 것이다.

창조적이고 변화에 능동적으로 대처할 역동적인 분위기가 필요하다면, 균형과 안정에 지나치게 무게 중심을 두고 공간을 꾸미는 것은 오히려 비능률적인 결과를 낳을 수도 있다.

따라서 생활풍수의 가능성은 기의 '균형'과 '변화'를 적절히 조화시킴으로서 이루어질 수 있다.

직진하는 기의 부정적인 영향을 줄여라

외부도로와 대문, 현관문이 일직선상에 위치하는 경우가 있을 수 있다. 이럴 경우, 곧바로 들이치는 기의 속도를 조절하기 위한 생활풍수적 처방이 필요하다. 이때는 진입로의 방향을 돌리거나 마당에 나무를 심어서 기의 속도를 늦춘다. 또는 건물 외부를 유리로 마감하여 지나치게 빠른 기를 반사시키는 것도 한 방법이다. 이러한 기본적인 방법 이외에도, 상황에 따라 폭과 높이가 적당한 계단을 만들거나 마당의 적당한 지점에 외등을 설치한다면 직진하는 기의 부정적 영향력을 줄일 수 있다.

색즉시공 공즉시색 色卽是空 空卽是色—현대적 인테리어 상황을 고려하라

풍수의 주술적인 측면은, 생활 환경과 주거공간에 대한 조상들의 심오한 관찰과 해석을 통해서 쌓여온 체험적인 지혜이다. 우리를 감싸고 있는 공기가 눈에 보이지 않는다 하여 그것을 무無로 규정할 수 없듯이, 풍수의 주술적인 측면 역시 눈에 보이지 않고 우리

의 이성적인 해석을 뛰어넘는 부분이지만 분명 그 의의와 가치를
인정해야 하는 부분이다.

그러나 색色 실체가 있는 것, 논리적인 것과 공空 정신적인 것, 비논리적인 것의
관계는 과학기술의 발달로 인하여 그 구분이 점차 허물어지고 있
다. 과거에 비해 너무나 많이 변화한 현대의 생활 환경과 주거공간
을 고려하여 풍수의 주술적인 측면을 보다 융통성 있게 해석해야
한다.

생활풍수에서의 기氣

기氣는 그 공간의 분위기이다

사람의 뇌 세포는 끊임없이 죽고 새로운 뇌 세포가 태어나는 과정을 반복하는데도 우리가 유년기의 기억을 성인이 되어서도 간직하고 있는 것은 어떤 기운이 사람 내부에 지속적으로 작용하기 때문이다. 이 기운은 그 본질이 쉽게 변하지는 않지만, 스스로의 노력과 주변 환경에 따라서 생기가 넘치기도 하고 기운이 약해지기도 한다. 풍수는 기의 조화를 찾아 건강한 에너지를 얻을 수 있는 생기 넘치는 공간을 만드는 것이 목적이다.

국어사전에 나와 있는 기氣의 뜻풀이를 보면, "막연한 전체적인 느낌이나 분위기"라는 뜻이 있다. 이것은 생활풍수적 관점에서 기의 본질과 풍수적인 조화를 이해하는 데 가장 중요한 열쇠가 된다. 풍수를 전혀 모르거나 건축이나 인테리어에 대한 전문 지식이 없는 사람들도 종종 어떤 장소에서 막연하지만 답답하고 불안한 느낌을 받은 적이 있을 것이다. 폭이 좁은 도로에서 높은 건물 앞을 지나거나, 자동차가 빠르게 다니는 대로변의 비좁은 인도를 걸어갈 때, 입구가 작고 지저분한 고층 건물을 출입할 때, 왠지 모르는 위압감과 불안을 느낄 수 있다.

주택의 기를 결정하는 것은 출입문과 현관

우리가 때때로 느끼게 되는 이런 막연한 불안감들은 주변 환경과 사람과의 기가 잘 어울리지 않을 때 생기는 것이다. 풍수에서는 그 원인을 찾기 위해 사물의 형상, 배치, 색깔, 소재를 관찰하며 또한 오행과 역학의 원리를 폭넓게 사용한다. 그 중에서 가장 기본이 되는 것은 기의 흐름을 읽는 것인데, 이것은 곧 '기의 유입input과 유출output'을 파악하는 것을 말한다. 주택에서 기는 바람을 타고서 출입문을 통하여 유입되기 때문에, 기의 흐름을 읽고 그것을 조절하는 데 있어서 출입문과 현관은 매우 중요한 의미를 지닌다. 주택의 규모에 비하여 출입문이 작으면 기의 유입이 어렵게 되어 인생의 기회와 재물이 쉽게 찾아오지 않고, 반대로 지나치게 출입문이 크면 너무 많은 기가 유입되어 거주자의 안정을 해치게 된다. 그리고 출입문과 현관이 어둡거나 지저분해도 좋은 기를 받아들일 수 없다.

집 안 구석구석 기의 순환이 잘 되어야 한다

순조롭게 실내에 유입된 기는 적당히 순환되어야 한다. 그런데 집 안에 가구가 너무 많거나, 창문과 방문 주변에 복잡한 장식을 하거나, 방문 바로 옆에 가구를 배치하면 기의 흐름이 방해를 받게 되며, 실내 조명이 어둡거나 실내가 지저분하면 기가 정체된다.

현관의 중문은 너무 빠르게 유입되는 기의 속도를 조절해주며, 거실과 베란다 사이의 창문은 외부의 기로부터 실내를 보호한다.

출입문을 마주보는 창문에 종이나 유리구슬을 달아두면, 너무 빨리 빠져나가는 기의 흐름을 조절할 수 있다.

이처럼 적절한 생활풍수적 처방을 통해 유입되는 기가 내부를 골고루 순환하고 순조롭게 외부로 빠져나갈 수 있을 때, 사람은 건강한 삶을 살 수 있다.

사업에 성공하려면 좋은 기가 유입되어야 한다

대형빌딩이나 상가건물은 원활한 기의 유입이 사업의 성패에 많은 영향을 주기 때문에, 주변의 도로 방향과 도로의 넓이, 건물의 방향 그리고 내외부의 색상까지도 따져보아야 한다.

건물의 출입구는 외형에 맞도록 너무 크거나 작지 않게 크기를 조절해야 하고, 입구의 로비 부근은 환하게, 그리고 천장은 높게 해야 좋은 기가 유입된다. 특히 로비 바닥에 적당한 크기의 바람개비나 해바라기 문양을 새겨넣으면 입구를 통하여 들어온 기를 실내에 고루 순환시킬 수 있다.

호텔, 숙박업소, 향락업소, 도박장을 제외한 사업장의 경우, 출입구의 유리는 투명한 것이 좋다. 너무 짙은 색의 유리문과 유리창은 기의 유입을 막아 거주자의 기를 약화시키고 거래처를 단절시켜 사업에 악영향을 끼친다.

풍수적으로 살펴본 국세청 건물

풍수적으로 좋은 기를 받을 수 있도록 건물

을 건축하는 것이 얼마나 중요한지는 주요 관공서 건물을 살펴보아도 알 수 있다. 국세청 건물을 한번 보자. 구 국세청 건물종로타워빌딩은 종로의 넓은 대로변에 위치하고 있고 건물 형태는 세련된 도시 남성을 닮아 있다. 양쪽으로 분산된 입구는 다소 좁은 감은 있지만 로비가 크기 때문에 좋은 기가 유입되기에 적당한 공간구조를 가지고 있다. 주변 도로는 국가의 재정을 감당할 만큼 충분히 넓고, 도로의 기운은 쾌적한 입구를 통하여 내부로 순조롭게 유입된다. 그러나 구 국세청 건물에서 가장 아쉬운 부분은 바로 '머리'이다. 멋있는 도시 남성의 머리가 다소 불안하여, 세금은 순조롭게 걷히지만 최고 간부들은 불안정하고 외환에 시달릴 수 있는 형상인 것이다.

그러면 새로 이전할 국세청 새 청사 건물을 보자. 이 건물은 길이와 깊이의 비율이 적당하여 내부의 기운이 바깥으로 흩어지지 않고 잘 모일 수 있다. 가장 특이한 것은 우리 나라의 어느 관공서 건물에서도 볼 수 없는 '건물의 머리'가 분명히 있다는 것이다. 이런 형상은 직원들의 단합이 잘되고 지휘체계가 확립되며 무엇보다 최고 책임자의 자리가 안정되어 다른 어느 부서의 장보다 오랜 기간

국세청 구청사

국세청 신청사

근무할 수 있는 형상이다. 진입로가 다소 좁은 감이 들어 혹시라도 세금이 잘 걷히지 않을까 걱정이 되기도 하지만, 진입로 주변을 항상 깨끗이 하고 조명을 설치하여 밝게 한다면 좋은 기가 유입될 것이다.

이처럼 기의 흐름을 파악하는 것은 풍수의 복잡다단한 이론처럼 어렵지는 않지만, 기의 흐름을 읽어 실제 건축 설계에 적용하기 위해서는 많은 노력과 함께 마음으로 공간을 읽을 수 있어야만 한다.

—이 글은 2001년 6월 12일에 쓰여졌습니다. 국세청은 2002년 10월에 종로구 수송동의 신청사로 이전했습니다.

2. 당장 할 수 있는 생활풍수 인테리어

최근 서구에서 인기를 얻어

널리 퍼지고 있는 인테리어 사조 중

하나가 바로 풍수 인테리어이다.

심미성과 기능성을 추구하던

기존의 인테리어 경향에서, 이제는

주거공간이 지닌 기운과 분위기 등

정신적인 측면까지 고려한

풍수 인테리어에

서양 인테리어 전문가들의 관심이

집중되고 있는 것이다.

사람은 환경의 동물로서, 주변 환경과

조화를 이룰 때 자신의 능력을

충분히 발휘할 수 있게 된다.

생활풍수는 주택의 각 구성요소들을

다양하게 살펴서 보다 원만한 조화를

이끌어내며, 가족의 건강과 행복을

기원하는 염원이 실제 인테리어로

실현될 수 있도록 도와준다.

지금 당장 할 수 있는

생활풍수 인테리어를 통해,

건강과 행운을 끌어들여보자.

1　가구 배치를 바꾸면 온 가족이 행복해진다

생활풍수와 운명의 관계

풍수라고 하면 보통은 주변의 환경을 개선하여 삶을 윤택하게 하는 주술적인 수단이라고 생각한다. 그러나 생활풍수에서는, 풍수 인테리어를 통한 외부적인 형상과 내적인 목적이 일치하는 것이 대단히 중요하다. 변화에 대한 개인 스스로의 강렬한 욕구가 바탕이 되어야만 외부적인 물질 세계를 효과적으로 조절하고 개조할 수 있기 때문이다.

따라서 생활풍수 인테리어를 보다 효과적으로 이해하고 활용하기 위해서 기본적으로 가져가야 할 마음가짐이 중요하다.

먼저, 자기 자신은 물론이고 주변의 여러 환경들_{땅, 건물, 식물}이 모두 살아 있는 유기체라는 개념을 가져야 한다. 이런 관점을 지닌다면, 마치 사람의 관상을 보는 것처럼 건물의 외형적인 모습_{사각형인가 원형인가, 변화가 심한 외형인가, 건물의 노쇠 정도는 어떠한가}과 주변 환경들을 총체적으로 살펴서 풍수적인 평가를 내리는 눈을 기를 수 있다.

더불어 긍정적인 마음가짐을 가져야 한다. 나쁜 기운을 털어내고 좋은 기운을 받아들이며 자신이 생활하는 공간과 그 안에서 살아가는 가족들을 더 아끼고 사랑하겠다는 마음가짐으로 집 안을 청소하고 여러 가지 풍수소품을 활용하여 집 안을 꾸민다면 풍수 인테리어의 효과는 더욱 배가될 것이다.

가구 배치 전에 이것부터 먼저

낡고, 필요 없이 부피가 큰 가구는 과감히 버려라

생활풍수는 사람이 편안하게 생활할 수 있도록 기를 바르게 운용하는 것이다. 에너지를 재충전하고 휴식을 취하기 위한 침실에 온갖 가구들이 가득하고 조명마저 어둠침침하다면 과연 편안한 휴식을 취할 수 있을까? 휴식은커녕 침실에 들어가고 싶은 마음이 싹 달아날 것이다.

우리나라 사람들의 지나친 가구 욕심은 다시 생각해봐야 할 부분이다. 안방에는 예외 없이 큰 장롱이 떡 하니 버티고 있고, 나머지 공간은 커다란 침대가 채우고 있다. 아이방에는 침대와 책상에 책장과 옷장까지 여러 가지 가구로 남는 공간이 없을 정도이다.

이렇게 되면 빽빽이 들어찬 가구에 기가 억눌린 결과, 거주자는 스트레스가 쌓이고 마음의 여유가 없어지게 된다. 만약 배우자가 바람을 핀다면 우선 안방의 가구들을 정리하기 바란다. 아이방도 마찬가지이다. 비좁은 아이방에 침대, 책상, 책장, 옷장 등 너무 많은 가구를 다 두려고 한다면 기의 흐름이 정체되고 막히게 되어 아이가 정서불안에 건강마저 나빠질 수 있다.

지금 집 안을 둘러보자. 집 안에 부피가 크고 불필요한 가구들이 많다면, 이는 가구가 주±가 되고 거주자는 협소한 공간에서 생활하는 꼴이 되기 때문에 주객이 전도된 것이라 볼 수 있다. 집 안을 살펴서, 지나치게 낡았거나 혹은 너무 부피가 큰 가구들이 있다면 과감히 처분하자. 그러면 기의 순환이 원활하게 되어 집 안 구석구석에 생기가 공급되며 거주자의 운기도 상승작용을 일으킬 것이다.

출입구와 창문을 청결히 하라

기는 바람을 타고 출입문으로 유입되어 창문을 통해서 외부로 유출된다. 인생의 기회와 인연, 재물, 성공 등 인간관계와 관련된 기는 출입문으로 유입되어 창문으로 유출된다. 건강과 참신한 아이디어는 창문으로 유입된다. 따라서 집 안으로 좋은 기운을 받아들이고 기를 원활히 순환시키기 위해서 출입문과 창문의 상태를 점검해봐야 한다.

부피가 큰 가구나 잡다한 장식물이 창문을 가리고 있다면, 기의 원활한 유입이 이루어지지 않게 되어서 참신한 아이디어를 낼 수 없고 거주자의 건강을 해칠 수 있다. 마찬가지로 현관이나 출입문 주변에 잡다한 장식물이 매달려 있거나 물건이 제대로 수납이 되어 있지 않은 채 어지럽혀져 있다면, 좋은 기의 유입 자체가 아예 어렵게 된다.

따라서 현관과 출입구, 창문은 늘 청결하게 해야 하며, 그 주변에 잡다한 장식물이나 커다란 가구를 놓아서 기의 흐름을 방해하지 않도록 해야 한다.

주변의 잡동사니를 치워라

주변에 지나치게 많은 물건이 늘어져 있다면 당신의 에너지가 그러한 물건에 묶여 있는 것과 같다. 주변에 어떤 잡동사니가 있는지

> **● 상공간에서도 출입구와 창문이 중요하다**
>
> 서울의 A 호텔은 입구가 지나치게 낮아 고객과 종업원의 기가 억눌리는 구조로 되어 있는데, 이렇게 건물의 규모에 비하여 입구가 협소하고 천장이 낮으면 기의 유입이 부족하여 직원들은 짜증이 많아지고 업무효율이 떨어지게 되고 손님들은 항상 답답함을 느끼게 되어 결국 손님의 발길이 뜸해질 수밖에 없게 된다. 이런 곳에는 천장에 거울을 부착하거나 밝은 조명을 설치하여, 낮은 천장을 높게 보이게 하는 풍수적 처방이 필요하다.
>
> 백화점에서 창문을 내지 않는 것은 기의 유출을 막아 상품에 대한 집중력을 높이고 그럼으로써 구매욕구를 높이는 효과를 얻기 위해서이다. 그러나 백화점의 출입구는 크게 만들어 기의 유입을 증가시켜야 하고, 백화점 내 휴게실과 식당가, 커피숍에는 반드시 창문을 내어야 한다.

먼저 조사해보자. 대문 근처, 현관 입구, 복도, 침대 밑, 벽장, 서랍 등에서 더 이상 의미가 없어 버려도 되는 책이나 사진, 기타 수집물들을 찾아내어 과감히 치워버리도록 하자. 더 이상 필요하지도 않은 물건들로 가득한 공간은 나쁜 에너지를 발산하고 삶에 불편을 줄 뿐이다.

작은 것부터 차근차근 정리한다

시간적인 여유가 없다면 우선 서랍이나 장롱부터 정리해보는 것도 좋다. 한꺼번에 집 안 전부를 치울 필요는 없다. 여유 있게 하나씩 정리해나가는 것이 중요하다. 집에서든 사무실에서든 깨끗한 공간에서 생활하는 자신의 모습을 상상해보라. 더 이상 원하지 않고 사용하지도 않는 오래된 물건들을 깨끗이 정리하고 대신 그 자리를 건강한 식물들과 사랑스러운 소품들로 채워보라. 삶의 공간이 빛을 발하게 될 것이다.

이러한 과정은 신체적 정신적으로 안정되고 상처나 질병이 없을 때 시행해야 한다. 시계나 장신구를 풀어놓고, 소란스러운 음악이나 기계 소리 없이 자연스러운 상태에서, 창문을 활짝 연 다음 하면 더욱 좋다.

편안하고 좋은 기운을 받는 침대 배치

침대는 집 안의 기의 흐름을 지배하는 방문과 창문의 위치와 크기에 따라 적절히 배치해야 한다. 방의 가로와 세로 길이, 천장의 높이, 방문과 창문의 위치와 크기는 기의 흐름에 직접 영향을 미치는 중요한 요소들이며, 그 방에서는 방위의 절대적인 작용력보다 영향력이 크다. 따라서 방의 크기와 방문과 창문의 위치와 크기를 무시한 채, 어느 특정방위로의 침대 배치만을 고집한다면 이는 전체적인 기의 흐름을 고려하지 않은 편협하고 고지식한 풍수적 적용이 되는 것이다. 자신에게는 동쪽이 행운의 방향이라고 하여 무조건 동쪽으로만 침대를 배치하려고 한다거나 혹은 침대머리를 북쪽으로 향하게 하는 것은 불길하다고 무조건 피한다면, 기의 전체적인 흐름을 무시한, 매우 어색하고 불편한 위치에 침대를 배치하는 실수를 저지를 수 있다.

좋은 기를 받을 수 있는 올바른 침대 배치의 원칙을 터득하여 오늘 우리 집 침대 배치부터 바꿔보자.

● 침대는 출입문의 대각선 벽 쪽으로 침대머리가 향하도록 둔다. 그 위치가 기가 가장 부드럽게 흐르고 출입자를 즉시 관찰할 수 있어 거주자가 가장 편안함을 느끼며, 숙면을 취할 수 있다.
● 창문 쪽으로 침대머리가 향하도록 배치하는 것은 가급적 피하도

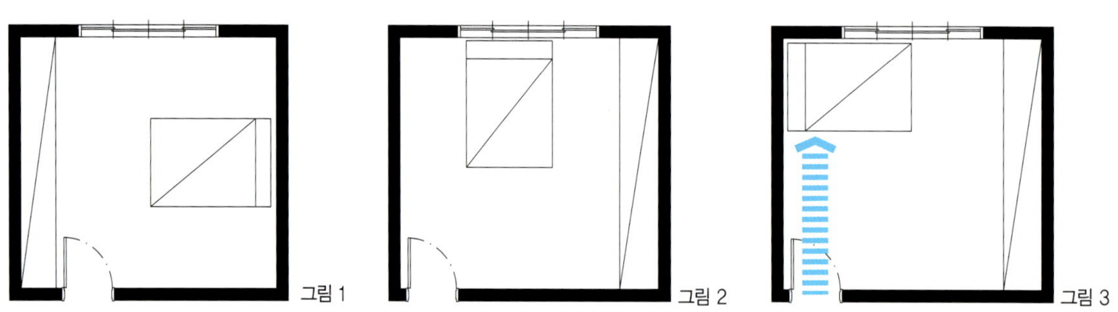

붙박이장과 침대를 함께 배치할 경우

그림 1 BEST 방문의 대각선 벽 쪽에 침대를 배치하되 침대머리가 벽을 향하도록 하고 맞은편 벽에 붙박이장을 설치한다.
그림 2 GOOD 방문의 대각선 벽에 붙박이장을 설치해야 할 경우 차선책으로 침대는 창문쪽으로 배치한다.
그림 3 BAD 침대가 구석자리에 배치되어 있고 방문과도 일직선상에 놓여 있다.

록 한다. 창문 바로 앞은 외부 공기와 도로의 소음과 불빛이 직접적으로 영향을 미치며, 창문은 기가 빠져나가는 통로이기 때문에 창문 옆에 침대를 배치할 경우 숙면을 취할 수 없다.

- 침대는 벽이나 구석자리에 바짝 붙이지 말고 약간 떼어놓도록 한다. 그래야 공기가 순환이 잘 되고 구석자리의 정체된 탁한 기를 피할 수 있다.
- 침대머리나 머릿장의 형태는 사각의 각진 형태보다는 둥근 형태를 선택하여 기의 화살을 피하도록 한다.

안정감 있는 옷장 배치

옷장이 지나치게 크거나 배치가 잘못되면 오히려 거주자를 압박하여 숙면을 방해하고 안정을 해칠 수 있다. 특히 옷장의 모서리는 날카로운 기의 화살을 만들어 수면자의 머리와 가슴, 다리 등 신체 부위를 공격하게 된다. 방이 넓더라도 막연하게 불안하고 잠자리가 불편하다면 잠자리 주변에 기의 화살이 있는지 살펴보도록 한다.

집을 신축할 경우에는 장롱을 벽에 매입시켜 벽선과 맞추는 설계를 하거나 한쪽 벽면 전체에 붙박이장을 만들어, 뾰족한 모서리를 만들지 말아야 한다.

공부가 잘되는 책상 배치

책상은 방문의 대각선 방향에 있는 벽 쪽으로 책상의 배치 역시 기의 흐름을 고려해야 하기 때문에 먼저 방문과 창문의 위치를 따져봐야 한다. 기가 유입되는 방문 바로 앞에 책상이 있거나, 기가 빠져나가는 창문과 맞닿게 책상이 놓여 있다면 이것은 잘못된 책상 배치이다. 책상은 방문의 대각선 방향에 있는 벽 쪽에 배치하되, 책상에 앉았을 때 방문과 창문을 바라볼 수 있게끔 배치하는 것이 가장 좋다. 출입문 대각선 방향의 벽 쪽이 기의 흐름이 가장 부드럽고 자연스러운 위치이기 때문이다.

공부방과 침실을 겸용하는 경우 아이방이 그리 크지 않고 공부방과 침실을 겸용해서 쓰고 있는 경우라면, 굳이 침대를 들이지 말고 책상, 책장, 옷장 정도로 가구 배치를 하는 것이 좋다. 좁은 아이방에 가구가 가득 차면 기가 원활하게 순환하지 못하게 되고, 아이의 정서적 안정을 해치며, 건강이 나빠지게 된다. 그리고 나머지 공간은 침대를 들이지 않는다 해도 잠을 잘 공간이기 때문에 공부방 전용의 넓은 방처럼 출입문을 볼 수 있게끔 책상을 배치할 수는 없다. 따라서 방문의 대각선 벽 안쪽에서부터 책상과 가구를 배치하되, 책상에 앉았을 때 벽을 바라볼 수 있도록 배치한다.

공부방에 굳이 침대를 두고 싶다면 공부방과 침실을 겸용하는데 굳이 침대와 책상, 책장, 옷장을 다 들여놓고 싶다면, 사실상 가구 배치의 정답을 찾기가 어렵고 가구의 모서리에서 발생하는 기의 화살을 피하기가 어렵게 된다. 넓은 방에서 기의 화살을 피하는 것은 어려운 일이 아니지만, 좁은 방에서는 대부분 기의 화살의 공격을 받게 된다. 이런 상황에서 방의 생김새를 무시한 채 소위 좋은 방위라고 말하는 쪽으로 무조건 가구 배치를 하다 보면 오히려 불편하고 산만한 배치가 될 가능성이 높아진다. 풍수 이론에 따라 가구를 배치하더라도 거주자가 편안함을 느끼지 못하면 그것은 바른 배치라고 볼 수 없다.

공부방에 굳이 침대를 두고 싶다면, 우선 방문의 대각선 방향 벽 쪽으로 침대머리가 향하도록 침대를 놓는다. 이때 침대를 벽에서 적어도 30센티 정도는 띄우도록 한다. 모서리나 벽이 바닥과 맞닿는 지점은 기가 정체되고 먼지가 쌓이게 마련이기 때문이다. 책상은 침대 옆에 나란히 배치하되 책상에 앉았을 때 벽을 바라볼 수 있도록 놓는다. 이때 책상 모서리의 기의 화살이 침대에 누운 자녀의 신체 부위를 공격하지 않도록 책상과 침대의 간격은 적당하게 띄워야 한다.

창문 쪽 책상 배치는 피한다 창문 쪽에 책상을 놓는 것은 가급적 피한다. 창문을 향하여 책상을 놓거나, 창문을 등지고 책상을 배치하

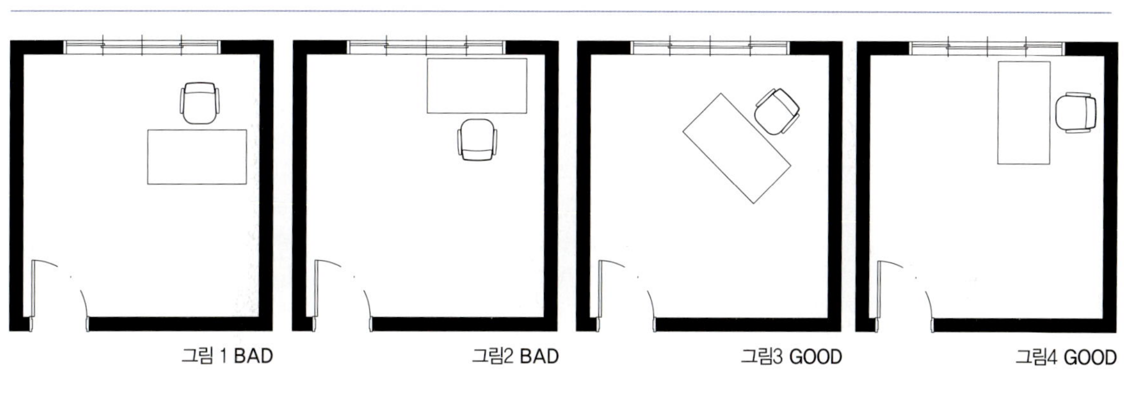

그림 1 BAD   그림2 BAD   그림3 GOOD   그림4 GOOD

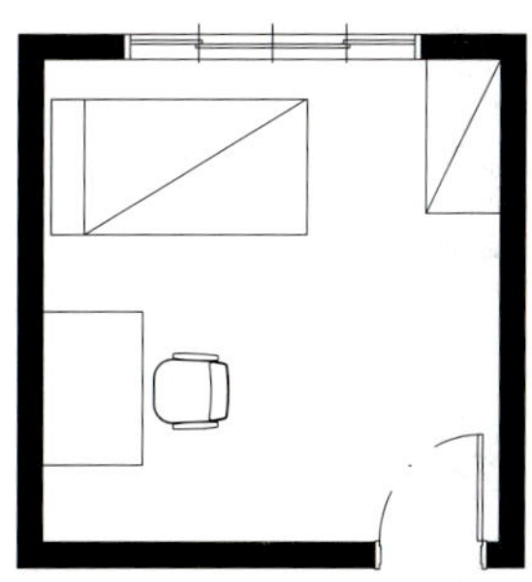

▲ **공부방의 책상 배치**
책상 배치는 방문의 대각선 벽 쪽으로 하는 것을 원칙으로 한다.
그림 1 창문을 등진 위치는 뒤가 허전하여 불안하다.
그림 2 창문을 바라보는 위치는 시선이 분산되어 집중을 할 수 없다.
그림 3, 4 방문을 바라볼 수 있는 위치여서 기의 흐름도 좋고 마음이 안정되어 집중할 수 있다.

◀ **침실과 공부방을 겸용하는 경우**
방문의 대각선 방향에 있는 벽 제일 안쪽에 침대를 놓는다. 이때 침대머리는 벽을 향하도록 하고 벽에서 30센티미터 이상 침대를 띄운다. 그 다음, 침대 옆에 나란히 책상을 배치하되 의자에 앉았을 때 벽을 볼 수 있도록 배치한다.

는 것 모두 좋은 배치가 아니다. 창문을 통해 기가 빠져나가고 시
선이 분산되기 때문이다. 사설학원에서 학생들의 집중력을 높이기
위해 일부러 창문에 시트지를 바르거나 롤스크린으로 창문을 가려
수업중에 창밖을 볼 수 없도록 하는 것도 바로 이런 이유 때문이
다. 아이가 초등학생 정도라면 크게 문제될 것이 없겠지만, 상당한
학습량을 필요로 하는 중고등학생이라면 창문 쪽으로 책상을 배치
하는 것은 가급적 피해야 한다.

　방의 구조상 어쩔 수 없이 창문 쪽으로 책상을 배치해야 한다면,
너풀거리는 커튼보다는 창문에 꼭 맞는 롤스크린이나 로만쉐이드
를 설치하도록 한다. 버티칼수직 블라인더는 정신을 산만하게 하므
로 공부방 창문에는 피한다.

 토론을 할 때에는 책상 배치를 이렇게

　텔레비전의 토론 프로그램의 경우에도 출연자들이 앉는 테이블 모양에 따라 시청자의 관심과 반응이 달라질 수 있다.

　테이블이 사회자나 아나운서를 감싸는 모양이라면 시청자는 토론 참가자가 되어 활발한 의사 표현을 할 것이고, 그 반대라면 시청자는 마치 아나운서나 사회자가 된 듯이 자신의 의견을 적극적으로 표현하기보다는 귀 기울이는 편이 될 것이다.

　그리고 토론자의 테이블이 각각 분리되어 있다면 시청자는 토론 시간 내내 결론도 없는 말다툼을 들을 가능성이 많아지고, 반대로 하나로 연결되어 있는 테이블에서 토론을 나누게 된다면 합의된 결론을 들을 수 있는 가능성이 높아진다. 물론 이러한 시도에는 토론 효과를 인위적으로 조절하는 부정적인 기능도 있지만, 아주 특별한 상황에서 결론을 얻어야만 한다면 시도해 볼 만하다.

　이처럼 풍수전문가의 다양한 상상력은 생활의 지혜로서 일상의 갖가지 문제들을 보다 쉽게 해결하는 수단이 되기도 한다.

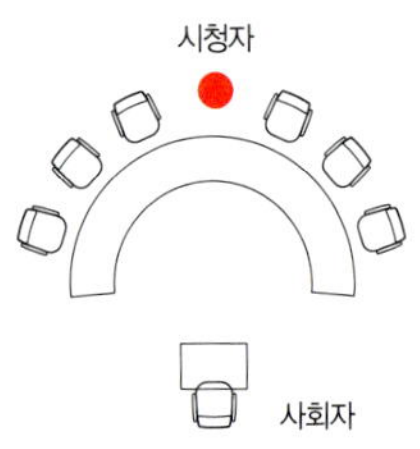

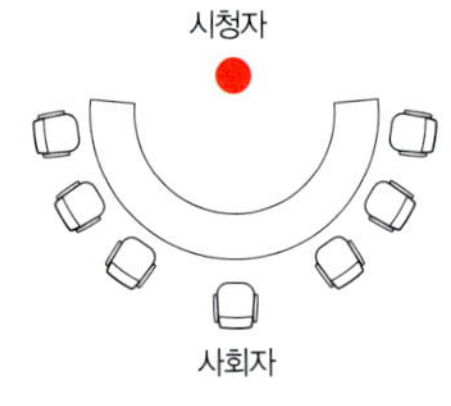

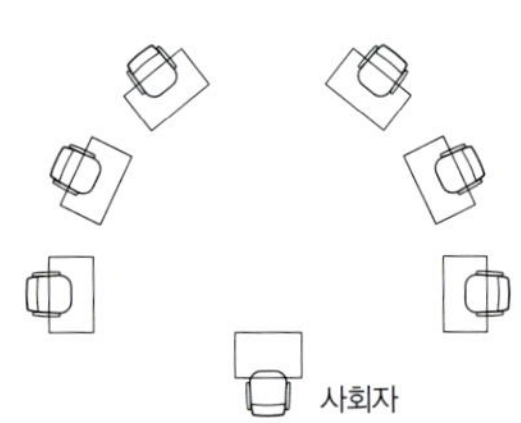

| 시청자의 의견을 활발히 이끌어낼 수 있다. | 시청자는 사회자처럼 토론을 중재하고 자신의 의견을 적극적으로 표현하기보다는 귀기울여 듣는 편이 된다. | 토론의 결론을 이끌어내기 어렵다. |

거실 역시 중요한 공간이다. 출입문으로 들어온 기는 거실에서 잠시 머물다가 실내의 구석구석으로 퍼지게 된다. 이때 거실의 전체적인 색상, 가구 배치, 조명기구의 위치와 밝기 등이 기의 순환 작용에 많은 영향을 미친다.

특히 소파의 위치는 가족들의 정서적 안정과 건강에 직접적인 영향을 미친다. 소파는 출입문과 거실의 창문을 쳐다볼 수 있게끔

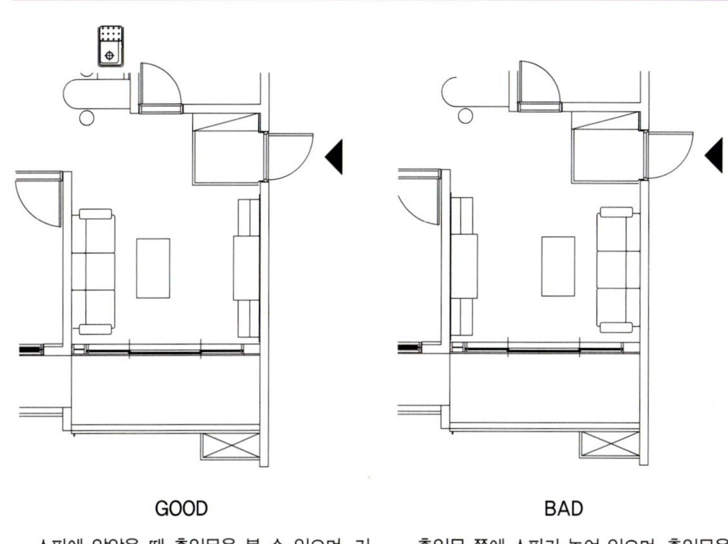

GOOD

소파에 앉았을 때 출입문을 볼 수 있으며, 거실 안쪽에 소파가 배치되어 있다.

BAD

출입문 쪽에 소파가 놓여 있으며, 출입문을 바라볼 수도 없어서 좋은 기를 받아들일 수가 없다.

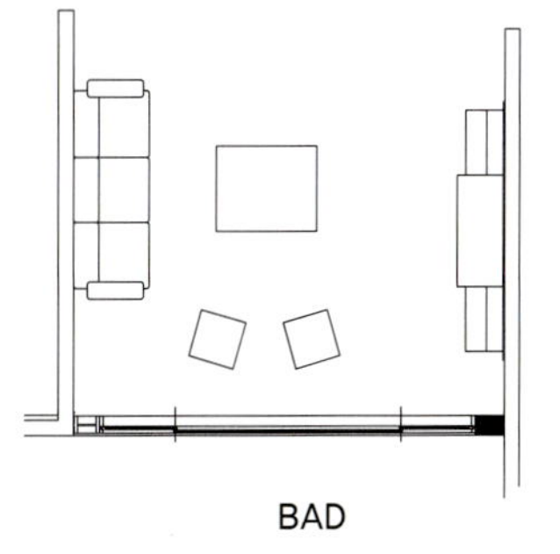

BAD

넓은 거실의 소파 배치
창문 쪽으로 소파를 배치하는 것은 원칙적으로 피해야 하지만, 거실이 넓다면 창문 쪽으로 작은 1인용 소파 한두 개 정도를 놓는 것은 괜찮다.

방향을 잡아야 하며, 거실의 안쪽에 배치해야 한다. 소파를 출입문과 창문을 등지고 거꾸로 두게끔 콘센트가 잘못 배치되어 있는 아파트가 많은데, 이런 배치라면 거주자는 좋은 기를 얻을 수 없고 정서가 불안정해질 수 있다.

그렇다고 해서 집의 전체 구조를 고려하지 않은 채 무조건 출입문과 창문을 바라보게끔 소파를 배치하는 것 역시 주의해야 한다. 가령, 거실 안쪽에 소파를 배치하였을 때 전망이 꽉 막혀 답답하거나, 소파에 앉아서 바라보는 창밖의 전망이나 풍경이 장의사 간판이라든가 묘지와 같이 좋지 않은 경우라면, 이때에는 창을 등진 방향으로 소파를 배치하는 것이 올바른 생활풍수의 적용이다.

≫≫≫ 가구 배치시 그 밖의 주의사항

- 자다가 문득 깼을 때 거울에 비친 자신의 모습에 놀라서 기를 상할 수 있으므로 침실에는 큰 거울을 설치하지 않는다.
- 가구가 문을 가로막고 있어서 문이 제대로 다 열리지 않는다면 기의 원만한 흐름이 방해를 받아 거주자가 짜증이 많아지고 불안하게 된다.
- 유아는 고정식 침대를 사용하지 말고, 이불을 넓게 펴주어 스스로 편한 자리를 찾게끔 한다.
- 기의 흐름을 원활히 조절하기 위해 빈방의 문도 가끔씩 열어두어야 한다. 사용하지 않는 빈방에는 탁한 기가 정체되어 우환을 불러들이고 가족들의 건강을 해치게 된다.
- 환자의 병이 오래 가면 방을 옮길 필요가 있다. 이 방, 저 방으로 방을 옮겨보아서 환자가 편안하게 느끼는 방을 찾는 것이 필요하다. 환자가 편하게 느끼는 방이 없다면 그 경우에는 이사를 고

려해볼 필요가 있다.

≫≫≫ 가구 배치 핵심 포인트

풍수적으로 좋은 집이란 특히 가구 배치에서 최상의 선택을 할 수 있는 구조와 주변 환경을 가지고 있는 집이다. 집을 구입할 때 아래의 포인트를 반드시 체크하도록 하자.

- 소파를 거실 안쪽에 배치하여 현관문과 거실의 창문을 편안하게 볼 수 있는 구조인가?
- 이때 거실 창문 밖이 막히지 않고 좋은 경치가 보여야 하며, 아파트의 경우에는 옆 동이나 이웃 건물의 날카로운 모서리가 정면으로 보이지 않아야 한다.
- 침대를 방문의 대각선 벽면에 둘 수 있는 구조인가? 이때 침대머리가 벽을 향하도록 놓을 수 있어야 한다.
- 옷장을 벽선과 나란히 놓아 모서리를 만들지 않을 수 있는 구조인가?
- 지저분한 물품들이 보이지 않게끔 수납공간은 충분한가?

숨겨진 화살 Secret Arrow 을 차단하라!

모서리에서 발생하는 기의 화살이 당신을 공격한다

'화살'이란 두 개의 선이 한 지점으로 모이면서 생기는 모서리를 가리킨다. 예를 들어서, 당신이 평소에 가장 많이 생활하는 공간에서 어쩐지 불쾌하거나 방해를 받는 기분이 든다면 한번 주변을 살펴보자. 혹, 책상의 뾰족한 모서리 부분이 당신을 정면으로 향하고 있지는 않는가? 벽의 들보가 당신을 정면으로 응시하고 있지는 않는가?

이러한 것들은 당장에 인식하지는 못하더라도 당신의 잠재의식에 남아서 계속적으로 좋은 기운을 저하시키고 부정적인 영향력을 행사할 것이다. 옛 어른들 말씀에 밥상에 모로 앉아서는 안 된다는 것도 이와 같은 맥락이다.

좁게는 실내의 구조물에서부터 넓게는 주변의 건물에 이르기까지 이러한 기의 화살이 형성될 가능성은 대단히 많다. 대형 건물에서 생기는 그림자의 주변에 있는 건물들은 알게 모르게 기의 저하를 경험하게 되는데, 그것 역시 대형 건물에서 드리워진 그림자의 모서리에서 발생하는 기의 화살의 영향 때문이다.

기의 화살을 차단하기 위한 풍수적 처방

그러나 주변 건물에서 기의 화살이 발생한다고 해서 건물의 위치를 옮길 수도 없는 노릇이다. 따라서 이런 경우에는 기의 흐름을 바꾸어줄 수 있는 보정물을 설치해야 한다. 예를 들어서, 대형 건물에 눌려 있다고 볼 수 있는 주변의 소형 건물은 자신의 존재 가치를 강화하고 부각시킬 수 있는 보정물이 필요한데, 이럴 경우에는 깃발이나 풍향계를 설치하거나 옥외 조명이나 거창한 옥외 장식물을 설치하는 것이 좋다. 기분을 거스르는 전망이나 자신의 종교와는 다른 타 종교의 상징물이 창밖으로 보인다면, 그런 부정적인 시야를 가릴 수 있는 식물을 키우는 것도 하나의 풍수적 처방이 될 수 있다.

실내의 경우, 당신 주변에 숨겨진 화살이 있다면 당신과 화살 사이에 화분이나 차단물을 설치하는 것이 바람직하다.

오행의 원리를 이용하라

숨겨진 화살의 공격을 좀더 효율적으로 막기 위해서는 기의 화살을 만들어내는 소재에 따라 차단물의 성질을 달리할 수 있다. 금속으로 된 물체에서 화살이 형성되어 당신을 향하고 있다면, 물이 가득한 꽃병을 가구 위에 놓아두면 훌륭한 차단물이 된다.

물은 금속의 강력한 살기를 완화시키는 작용을 하기 때문이다. 원목 가구에서 형성된 화살을 막기 위한 차단물로는 도자기 제품이 무난하다. 흙의 기운은 나무의 기운을 소진시키는 작용을 하기 때문이다. 이러한 발상은 오행의 원리를 나름대로 적용한 결과인데, 오행의 상생과 상극관계를 적용하면 그 외에도 다양한 응용이 가능하다.

사람이 존재하는 한 적극적이고 건설적인 주변 환경의 조성은 영원한 숙제가 될 것인데, 이런 측면에서 볼 때 생활풍수의 효율적인 적용은 시사하는 바가 대단히 크다. 성업 중인 사업장의 대부분이 풍수 원리에 충실하고 있다는 것은 결코 우연이 아니다.

아파트 평형대별 가구 배치 포인트

10평형대 침대 없이, 안방을 크게 활용하기

빨리 내 집을 장만하려면 어울리지 않는 큰 가구는 두지 말라. 10평형대에서 좋은 기가 머물 수 있는 곳은 안방뿐이다. 따라서 큰 가구나 침대는 되도록 들이지 말고, 붙박이장을 활용하자. 10평형대의 경우, 안방을 넓고 크게 쓴다면 좋은 기는 자연스럽게 안방에 모이게 된다.

10평형대의 좁은 안방에 큰 침대와 가구가 가득 차 있으면, 가장의 귀가가 늦어지고 부부싸움이 잦아지며 건강이 나빠질 가능성이 높아진다.

대개의 경우 10평형대의 주거공간은 현관문과 창문이 일직선상에 위치하여 현관문으로 유입된 기가 창문으로 고스란히 빠져나간다. 따라서 창문 앞에 종이나 유리구슬을 매달아 기의 급격한 유출을 막아야 한다.

그리고 안방을 두고서 그보다 작은 방을 침실로 꾸미는 것은 주객이 전도된 형상이므로 좋지 않다.

20평형대 옷방을 따로 만들어서 안방을 최대한 넓게 쓰기

20평형대이면서 방 세 개에 거실이 있는 아파트라면, 역시 안방의 크기가 그리 크지 않는 편이므로 많은 가구를 들이려고 하기보다는 기가 원활하게 소통될 수 있도록 여유공간을 최대한 확보하는 쪽에 초점을 두고 인테리어를 하는 것이 중요하다.

안방에 붙박이장을 설치한다면 충분한 여유공간이 없어지므로 침대를 들이지 않는 것이 좋다. 굳이 안방에 침대를 두려면 안방에 붙박이장까지 같이 들여야 한다는 고정관념을 버리자. 대신 다른

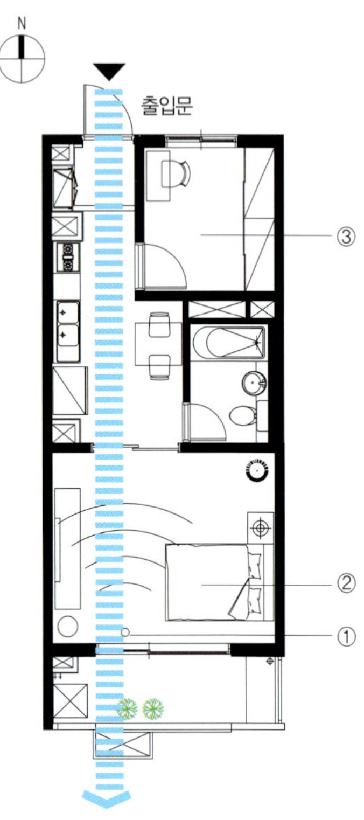

출입문과 창문이 일직선상에 있는 일자형 10평형대 아파트
① 유리구슬이나 종, 혹은 적당한 소품을 매달아 기가 그대로 빠져나가버리는 것을 막는다
② 되도록 침대를 두지 않고 안방을 넓게 쓰는 게 좋다.
③ 나머지 한 방을 옷방으로 활용하여 안방을 넓게 쓰도록 한다.

방 하나를 옷방으로 사용하도록 하자.

방 두 개에 거실이 있는 20평형대 아파트라면, 안방이 적당히 크므로 붙박이장과 침대를 같이 둘 수 있다. 이때 기의 흐름이 부드러운 위치인, 방문의 대각선 맞은편 벽 쪽에는 붙박이장을 설치해야 하므로, 차선책으로 침대머리는 창문 쪽으로 두도록 한다. 그리고 기의 원활한 유입과 유출을 위해 창문 부근에는 잡다한 물건을 두지 않도록 한다.

30평형대 편안한 거실 만들기

30평형대는 결혼하여 열심히 일한 결과로 장만하게 되는 가족의 보금자리이기에, 삶의 여유가 생기기 시작하는 공간이다. 30평형대는 보통 30대 후반에서 40대 정도가 되어야 얻을 수 있는데, 이때는 무조건 앞만 보고 달리기보다는 삶의 통찰력과 어느 정도의 결과를 얻을 수 있게 되면서 인생에서 또 다른 도약을 준비해야 하는 시기와 맞물리게 된다.

여유와 또 다른 도약을 위해서는 거실을 적극적으로 활용하도록 하자. 먼저, 거실의 소파 맞은편 벽에 삶의 원대한 목표를 담은 역

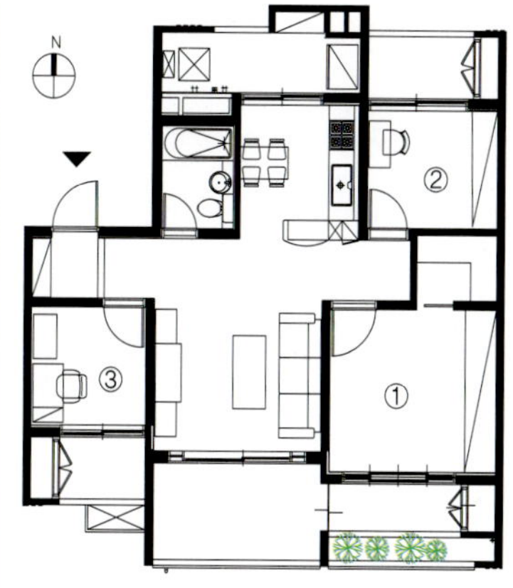

20평형대 아파트
① 안방-방 3개 있는 20평형대 아파트라면 안방에 침대를 들이지 말고 붙박이장만 설치하여 안방을 넓게 쓴다.
② 작은방 1-화장대와 수납공간으로 꾸민 효율적인 파우더룸
③ 작은방 2-서재로 활용하는 작은방

침대는 모두 방문의 대각선 방향에 있는 벽에 배치했다. 이때 침대머리가 벽을 향하도록 배치해야 한다. 드레스룸 공간을 따로 확보하여서 방을 되도록 넓게 쓰는 것이 좋다.

인테리어 제안
그림 액자를 인테리어 소품으로 활용할 때에는 액자의 높이를 낮춰서 달도록 하자. 그러면 중심점이 낮아지면서 실내의 기를 안정시킬 수 있다.

동적인 그림이나 사진을 걸어보자. 힘차게 달리고 있는 잘 생긴 말이라든가, 솟구쳐 오르며 비상하는 새의 모습이라든가, 가족들이 보기에 힘찬 기운을 느낄 수 있는 것이라면 무엇이든 좋다.

새로운 도약을 이루기 위해서는 새로운 에너지가 필요한데, 자연의 생기와 가정의 화목이 바로 이런 에너지원이라고 할 수 있다. 팔괘의 영역에 맞게 거실에 어항이나 화분을 두면 생기를 보충할 수 있다. 또한 멋진 휘호 옆에 단란한 가족 사진을 같이 걸면 가장은 사랑과 책임감을 얻을 수 있다.

40평형대 빈 공간 적극 활용하기

집은 큰데 식구가 적은 곳보다, 집은 작지만 식구가 약간 많은 곳에 복이 깃든다. 40평형대 이상의 대형 평수는 비교적 여유공간이 충분한데, 이 여유공간을 적절히 활용하는 것이 중요하다. 가족의 취미공간으로 빈방을 적극 활용해보자. 편안한 소파나 방석 등으로 꾸며서 다 함께 조용히 책을 읽는 가족만의 작은 도서관으로 만들 수도 있다. 좋은 음악을 함께 감상할 수 있는 음악감상실로 꾸며도 좋고, 만들기에 취미가 있다면 아담하고 효율적인 작업공간으로 활용해도 좋을 것이다. 공간을 적극적이고 짜임새 있게 활용한다면 기는 집 안 전체를 원활하고 부드럽게 흐르게 될 것이다.

평형대가 커질수록 오히려 제대로 활용하지 못한 채 내버려두는 공간이 많을 수 있는데, 이렇게 놀고 있는 공간이나 잘 사용하지 않는 빈 공간이 있다면 그곳에 기가 정체되어 전체적인 기의 흐름까지도 원활하지 못할 수 있다. 가끔씩 빈방의 창문과 방문을 열어 정체된 기를 순환시키도록 하자.

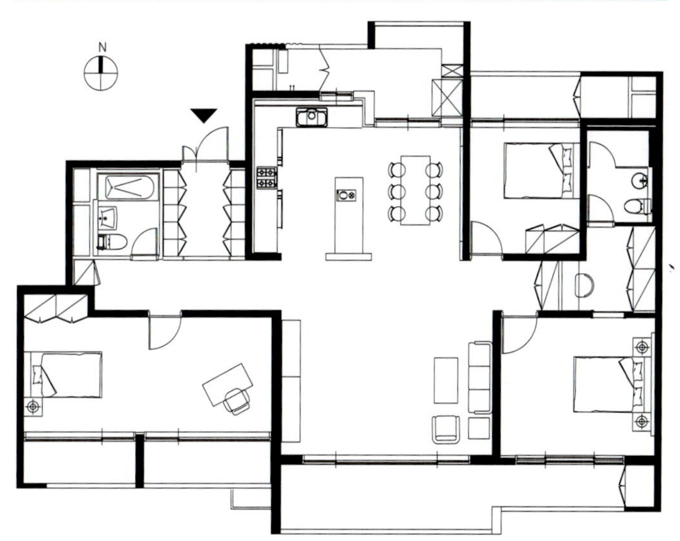

40평형대 이상의 아파트의 경우, 가족이 거주하지 않는 빈방을 잘 활용해야 한다.

생활 속 풍수 이야기 탁한 기운을 맑게 바꾸는 공간정화법 空間淨化法

공간정화법은 탁한 기운을 없애고 기가 잘 소통되도록 하여 주거공간의 기운을 맑게 유지하는 방법을 말한다. 공간정화법은 주술적인 측면이 반영되어 있기는 하지만, 실질적으로 주거공간을 깨끗하게 관리할 것을 강조하는 생활풍수적 처방이다.

쓸데없는 생활소품이나 덩치만 큰 가구는 과감히 버리고, 쓰레기는 그때그때 치워서 쌓이지 않도록 하는 것이 집 안의 기운이 잘 순환되도록 하는 길이다. 당신 주변의 버릴 것들, 무의미한 것들이 빠져나가야만 당신이 필요로 하는 좋은 기운이 순조롭게 찾아온다. 조명은 밝게 하고 평상시에도 환기가 잘 되도록 해야 집 안의 기운이 맑다. 3, 4년 주기로 도배나 내외부의 칠을 새롭게 하는 것도 필요하다.

만약 집에 도둑이 들었거나 좋지 않은 우환이 있었다면, 대청소를 깨끗이 하고 징을 울려서 악한 기운을 몰아낸다. 금金의 기운과 쇳소리는 악한 기운을 물리친다.

주택에서는 벽의 모서리 부분에 탁한 기운이 정체되어 있으므로, 각 방의 벽 모서리 부분을 중심으로 탁한 기운을 몰아내어야 한다. 이 경우, 서양풍수에서 사용하고 있는 공간정화법을 참고할 수 있다.

모서리를 이루는 양쪽 벽을 보고 선다. 위에서 아래로 혹은 아래에서 위로, 손바닥으로 벽을 치거나 손뼉으로 구석자리에 모인 탁한 기운을 몰아낸다. 이때, 좋은 기운을 강화할 수 있도록 염원을 하는 것이 더욱 효과적이다. 이렇게 집 안 전체 기운을 정화한 다음, 반드시 흐르는 깨끗한 물에 손을 씻어야 한다. 거주자의 기분이 좋아질 때까지 이러한 공간정화법을 여러 번 반복하면 효과적인 결과를 얻을 수 있다. 이때 좋은 소리를 내는 종을 흔들면서 하는 것도 좋다.

지하수맥을 차단하라

땅속의 지하수는 땅속의 토사나 암석 사이를 채우고 있거나 줄기를 이루면서 움직이고 있는데, 그 중 땅속을 흐르는 물줄기를 지하수맥이라고 한다. 지하수맥은 마치 인체의 혈관처럼 땅속 어느 곳에나 연결되어 있다. 수맥을 물이 흐르는 땅속의 도랑이라고 볼 때 이 도랑의 경계선에서 특이한 에너지 파동이 발생한다.

지하수는 살아 있는 생명체로서 유기적인 활동을 한다. 즉 자신의 생명을 유지하기 위해서 끊임없이 다른 물길을 찾거나 특히 지표수의 공급을 필요로 하게 된다. 이로 인하여 지하수맥이 지나가는 위쪽 지표면은 균열이 발생하게 되고, 그 균열을 통하여 지하수는 물을 공급받게 되는 것이다. 결국 지하수맥 위쪽은 수맥파의 파괴적인 에너지 파동의 공격을 받을 수밖에 없다. 수맥파는 지상 50층 정도까지 영향을 미치며, 사람과 생물에게 다음과 같은 여러 가지 악영향을 끼친다.

- 혈압과 맥박을 비정상적으로 상승시킨다.
- 늘 피로하고, 머리가 멍하며, 집중이 안 된다.
- 숙면을 이룰 수 없고 선잠을 자게 되며 불면증이 생기거나 악몽을 꾼다.
- 암을 비롯하여 각종 만성질환을 유발시킨다.
- 임산부는 유산을 할 수도 있다.

유아가 침대에서 밤새 울고 잠을 못 자면 수맥을 의심할 필요가 있다. 이때는 침대의 위치를 옮겨보도록 하자. 특히 움직임을 제한하는 유아용 침대는 사용하지 말아야 한다. 유아는 방의 이곳 저곳을 옮겨 다니며 스스로 편한 잠자리를 찾기 때문이다.

필요하다면 주택이나 아파트의 바닥 전

체에 수맥차단재를 깔 수도 있다. 아파트
는 기초공사 시 수맥차단재를 깔면 위층도
같은 효과를 볼 수 있다. 수맥차단재는 순
금이나 순은을 깔아야 완전한 효과를 볼
수 있다고도 하지만, 순도 99.9퍼센트 이상
의 동판이나 유사기능의 제품을 사용해도
괜찮다.

자신의 입맛에 맞는 음식이라고 해서 그것만 편식하게 된다면 오히려 건강을 해칠 수도 있다. 다양한 음식을 즐거운 마음으로 골고루 먹는 것이 건강하게 살 수 있는 가장 좋은 방법이듯 주거공간 역시 다양한 색상과 환경 속에서 즐겁고 편안한 마음으로 살아가는 것이 건강한 기운이 넘치는 집으로 만드는 가장 좋은 방법이다.

그러나 침실은 휴식을 취하면서 기운을 재충전하는 공간이기 때문에 자신에게 부족한 기운을 보충해주는 색상으로 꾸미는 것이 좋으며, 자녀의 학습능률을 높이는 것이 가장 큰 목적인 공부방도 자녀의 기운과 풍수적 상징을 고려한 색상을 선택하여 꾸미는 것이 좋다. 주의해야 할 것은, 자신에게 필요한 색상이라고 해서 그 색상 하나로 집 안을 다 꾸민다면 그것은 색상에 있어서의 편식 현상이므로 기를 좋게 하는 데에 도움이 되지 않는다는 점이다. 따라서 전체적인 조화를 고려하여 다양한 색상을 사용하되, 적어도 침실과 공부방만큼은 자신의 약한 기운을 보완해주는 색상을 주된 색상으로 쓴다면 자신에게 꼭 맞는 행복한 공간이 될 것이다.

생활풍수에서 공간의 색상을 선정하는 방법은 보통 두 가지이
다.

먼저, 팔괘八卦를 참고하여 각 방위의 보편적인 의미를 상징하는
색상을 선정하는 방법이 있다. 풍수에서는 공간을 구분하고 그 특
성을 파악하기 위해 집의 중심점을 기준으로 하여 각각의 상대적
인 여덟 방위를 결정하는데, 이것이 바로 팔괘이다. 집의 중심점에
서 볼 때, 리離는 남쪽, 감坎은 북쪽, 진震은 동쪽, 태兌는 서쪽에 해
당하며, 각 방위의 폭을 45도로 분할하여 나머지 네 괘가 정해진
다. 팔괘는 오행과 결합되어 각 방위는 특별한 색상, 각 가족구성
원 및 신체 부위, 여덟 가지의 운을 상징한다.

예를 들어, 흑모파 풍수의 경우 팔괘에서 지식과 관련된 색상은
녹색과 파란색이다. 따라서 공부방에는 녹색과 파란색이 어울린
다. 부부 침실의 경우, 팔괘에서 결혼을 상징하는 색상인 핑크색

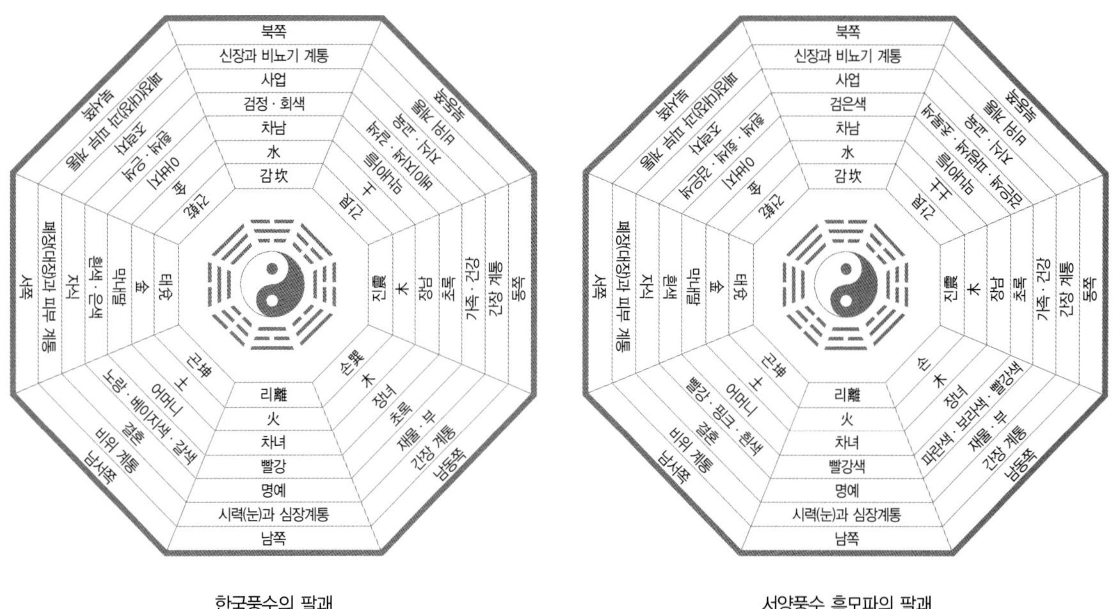

한국풍수의 팔괘   서양풍수 흑모파의 팔괘

계통을 사용하여 꾸민다. 이렇게 팔괘의 특별한 기운이 상징하는 의미와 색상을 참고하여 공간의 목적에 맞는 색상으로 꾸미는 것이 일반적인 색상 선정 방법이다.

그러나 이러한 일반적인 적용과는 다르게, 주거공간의 색상 선정에서는 각 개인의 고유한 성향과 기운에 따라서 그에 맞는 색상을 선정해야 하는 특수성이 있다. 공부방에는 지식을 상징하는 녹색과 파란색이 어울린다는 것은 보편적인 색상 선정이지만, 만약 그 공부방의 주인이 목木의 기운이 과도하다면 오히려 녹색과 파란색이 과도한 기운을 더 과하게 만들어 부작용을 낳을 수 있다. 따라서 주거공간은 가족구성원의 기운에 따라 약한 기운을 보완해줄 수 있는 색상으로 꾸미는 것이 훨씬 더 현명한 풍수 인테리어이다.

이렇게 각자의 기운과 성향에 맞는 색상으로 공간을 꾸미기 위해서 생활풍수에서는 오행五行을 사용한다. 개인의 오행 분석을 통해 각자의 과도한 기운과 약한 기운이 무엇인지 알 수 있기 때문에, 오행은 주택의 내부구조와 실내의 색상 선택, 주변 환경의 개선, 그리고 개인의 특성까지도 조절하는 중요한 기준으로 활용된다.

오행을 통해 자신에게 꼭 맞는 색상을 찾는다

사주四柱는 사람의 타고난 기운과 기질을 판단할 수 있는 중요한 체계이다. 사주는 여덟 개의 글자로 구성되어 있는데 , 그래서 흔히들 사주 팔자八字라고 하는 것이다. 이 여덟 개의 글자는 각각 오행五行의 기운을 가지고 있다.

오행은 목木, 화火, 토土, 금金, 수水의 다섯 가지 기운을 뜻하며, 이 다섯 가지 기운은 서로 돕기도 하고 서로의 기운을 누그러뜨리며

짓누르기도 한다. 예를 들어 나무가 자라는 데에는 물이 필요하므로, 목木과 수水는 서로의 기운을 보완해주는 상생相生 관계이다. 그러나 나무의 뿌리가 흙을 파헤치기 때문에 목木과 토土는 서로 상극相剋 관계이다. 이렇게 오행은 서로 상생과 상극의 상호작용을 통해 우주만물을 다스린다. 오행은 개인의 기운, 신체기관, 색상 등과 연관되며, 풍수에서는 사람과 공간의 기를 증진하고 사물간의 조화를 이루는 유용한 수단으로 사용된다.

그런데 개인의 생·년·월·일·시에 따라 오행은 과하거나 부족한 기운이 생길 수 있으며, 이로 인해서 사람들은 독특한 성품과 기질을 지니게 된다. 개인의 사주 팔자를 분석하여 오행의 다섯 가지 기운이 몇 개씩 분포되어 있는지에 따라 어떤 기운이 과하고 어떤 기운이 약한지를 알 수 있다. 보통 오행의 분포 개수에 따라 0개=기운 부족, 1·2개=기운 적당, 3·4개=기운 과함으로 볼 수 있다. 사주상 필요한 기운인 용신用神을 파악하고 적용하는 방법도 바람직하지만, 대개의 경우에는 오행의 분포를 통하여 간단하게 각자에게 필요한 기운을 판단할 수 있다.

예를 들어보자. 어느 여자아이의 사주와 팔자를 분석해보니 오행의 분포 개수가 목木 0개, 화火 2개, 토土 2개, 금金 1개, 수水 3개였다. 이 분포 개수를 보면 이 여자아이는 목의 기운이 부족하다는 것을 알 수 있다. 따라서 이 여자아이의 방은 목에 해당하는 녹색 계통의 색상을 주된 색상으로 선택하는 것이 무난하며, 의복 색상도 목의 기운을 띠는 녹색 계통이 좋다.

이렇게 오행의 분포 개수를 파악함으로써, 팔자의 전체적인 조화를 위해서 각자에게 필요한 기운과 색상이 무엇인지 판단할 수 있다.

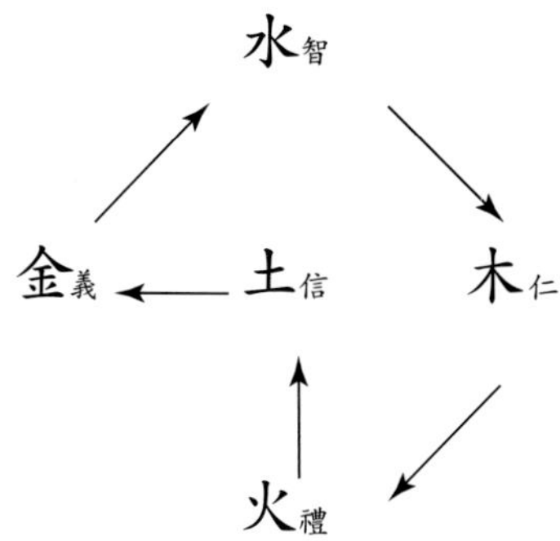

● 오행상생 五行相生

수생목(水生木) 나무가 자라는 데에는 물이 필요하다.
목생화(木生火) 나무는 불길을 거세게 한다.
화생토(火生土) 불이 나면 재는 흙이 된다.
토생금(土生金) 흙은 쇠를 생성한다.
금생수(金生水) 쇠로 만든 그릇에 차가운 물을 담으면 표면에 물방울이 맺힌다.

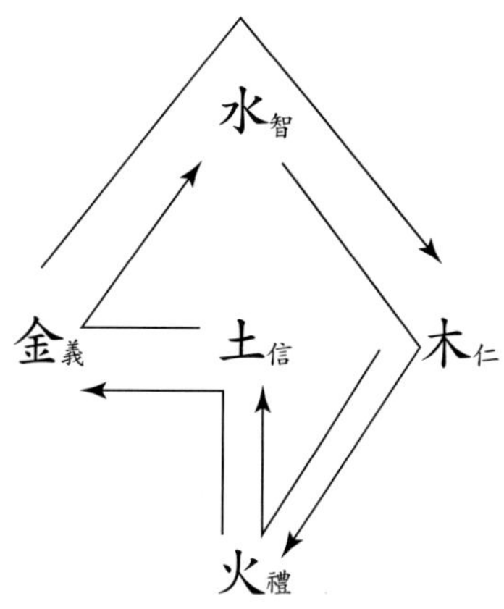

● 오행상극 五行相剋

목극토(木剋土) 나무의 뿌리는 흙을 파헤친다.
화극금(火剋金) 불은 쇠를 녹인다.
토극수(土剋水) 흙으로 물의 흐름을 막는다.
금극목(金剋木) 쇠로 만든 도끼가 나무를 절단한다.
수극화(水剋火) 물로 불을 끈다.

일단 오행의 분포를 파악한 다음에는, 다양한 마감재와 색상을 사용하여 기의 균형을 조절해야 한다. 풍수적인 처방을 위해서는 과한 기운을 억누르려고 하기보다는 부족한 기운을 보충해주는 것이 현명한 방법이다.

도배지, 바닥재, 커튼, 가구의 색상과 특정 풍수용품을 통해 부족한 오행의 기운을 보충할 수 있다. 오행의 상생관계와 상극관계를 참고하면, 각자의 기운에 맞춰 함께 사용해도 좋은 색상과 피해야 할 색상을 알 수 있다. 다음 장에 나오는 풍수용품에 대한 설명도 참고하기 바란다.

기의 흐름에 맞게 가구를 배치하고 가족구성원 각자의 기운에 맞게 실내 마감재 색상을 선택한다면, 그것만으로도 조화롭고 활기 넘치는 생활을 시작할 수 있을 것이다.

오행의 상징 색상과 특징

	색	기본성질	부족할 때	과도할 때
木	녹색	인仁 친절함 · 측은심 · 자비심이 많은 것이 특징이다. 성격이 조용하고, 인물이 맑고 수려하다.	인자하지 못하고 질투심이 많다. 주관이 없다.	마음이 한쪽으로 치우친다. 고지식하다.
火	붉은색	예禮 총명하고, 논리정연하다. 예의 바르다.	대부분 신체가 마른 편이다. 질투심이 강하다. 일의 마무리를 제대로 짓지 못한다.	말씨와 성질이 급하다. 쉽게 흥분한다.
土	황색 · 갈색	신信 언행이 신중하고 신앙심이 강하다. 매사 공정하게 판단한다. 스스로 기회를 만든다.	근심이 많다. 기회주의적이다. 불안정하고 산만하다. 성실하지 못하면서 고집만 내세운다.	지나칠 정도로 순박하다. 고집스러우며 때론 어리석기까지 하다.
金	흰색	의義 정의감이 강해 불의를 인정하지 않는다. 상황을 정확히 판단한다.	결단력이 부족하여 일을 진행하는 데 있어 용두사미격이 되기 쉽다. 말수가 적고 매사 조심스럽다.	욕심이 많다. 수다스러워진다. 게으르며 한가로운 것을 즐긴다.
水	검은색 · 회색	지智 바다와 같이 마음이 넓다. 문학을 사랑하며, 지혜롭다. 삶을 조화롭게 이끈다.	전략을 세우는 데 약하며, 담이 약하다. 신체는 왜소한 편이다. 욕심이 많다.	거짓행위가 많으며, 유랑이나 방탕한 생활을 즐긴다. 스스로의 의지가 약하다. 이성에 대한 관심이 과도하게 많으며, 음모를 꾸미기를 좋아한다.

※ 특정 기운이 과도한 경우에는, 기본성질과 함께 과도할 때의 성질을 같이 지님.

부족한 기운을 보완해주는 나만의 색상 선택

부족한 기운	전체 색상 톤	도배지	바닥재
木	목木의 기운이 부족한 사람은, 실내 색상의 기본 톤을 초록색으로 한다.	초록색 계통의 도배지. 나무나 풀 무늬가 있는 도배지. 나뭇결 무늬가 있는 초록색 도배지.	나무나 풀을 상징하는 무늬가 있는 바닥재. PVC계통(국내에서 생산되는 대부분의 바닥재. 데코타일, 우드타일 등)의 바닥재의 경우 나뭇결 무늬가 보편적이기 때문에 이 경우에는 나뭇결 무늬가 있는 초록색의 바닥재 선택.(단 원목 온돌마루는 무늬는 나뭇결이지만 색상이 갈색이나 베이지색이므로 토土로 분류)
火	화火의 기운이 부족한 사람, 붉은색·오렌지색·핑크색 계통으로 실내를 꾸민다.	오렌지나 핑크색 계통의 도배지. 붉은색·오렌지색·핑크색 꽃무늬가 있는 도배지.	붉은색·오렌지색 계통의 바닥재. 붉은색 카펫.(단 침실을 꾸밀 경우 지나치게 강렬한 원색은 사용하지 말 것.)
土	토土의 기운이 부족한 사람은, 베이지색이나 옅은 갈색을 실내 색상의 기본 톤으로 선택한다.	노란색·베이지색·옅은 갈색·황토색의 도배지. 황토 벽지.(진한 갈색일 경우에는 수水의 기운을 지니므로 주의할 것.)	베이지색·옅은 갈색의 바닥재. 오크나 메이플 체리(단, 붉은빛이 도는 체리는 금지)등의 원목 온돌마루재.
金	금金의 기운이 부족한 사람은, 전체적인 색상을 흰색으로 꾸민다.	흰색 계통의 도배지.	흰색 바닥재.
水	수水의 기운이 약한 사람은 짙은 갈색·회색·검은색을 기본 색상으로 꾸민다.	짙은 갈색이나 회색, 검정으로 포인트가 들어가 있는 도배지.	PVC계통 바닥재 중에서 짙은 갈색이나 회색, 검정 계통의 바닥재.(나뭇결 무늬가 있다 해도 색상이 짙은 갈색·회색·검정 계통이면 무방함.) 마루재 중에서는 월넛(호도나무).

커튼	가구	소품
나무나 풀 무늬가 있는 커튼.	목재가구(초록색으로 도장되어 있는 목재가구. 나뭇결이 보이는 아주 옅은 초록색의 목재가구). 녹색 가죽소파. 녹색 천 소파.	초록색 식물이 심겨져 있는 작은 화분. 어항이나 수족관.(수水는 목木과 상생관계이기 때문에 소품으로 어항이나 수족관을 사용하면 목의 기운을 더 강화할 수 있음. 그러나 만약 거주자가 수의 기운이 과도하다면 어항이나 수족관은 사용하지 말아야 함.)
붉은색 · 오렌지색 · 핑크색이 도는 커튼. 붉은색 · 오렌지색 · 핑크색의 꽃무늬가 있는 커튼.	붉은색 · 오렌지색 · 핑크색으로 포인트를 준 가구.	벽난로. 빨간색 꽃이 피는 화분. 일출 사진. 붉은빛이 주 색채인 명화 작품들.
노란색 · 베이지색 · 옅은 갈색의 커튼.	노란색 · 베이지색 · 옅은 갈색의 가구. 다른 색상으로 착색되지 않고 나뭇결이 살아 있는 원목가구.	흙을 사용하여 실내 인공정원 꾸미기. 도자기 제품. 넓은 들판 사진.
흰색 커튼.	흰색 가구. 은색의 철제가구.	흰색 자갈. 하얀 눈 덮인 풍경 사진. 하얀색이 주된 색채인 명화 작품.
짙은 갈색의 무늬가 있는 커튼.	짙은 갈색의 포인트가 있는 가구. 월넛과 흰색이 조화를 이루고 있는 가구(월넛 화이트).	어항이나 수족관.

자신의 운기에 맞는 색상이라 하더라도, 휴식과 숙면을 취해야 하는 침실을 지나치게 강렬한 원색으로 꾸미는 것은 좋지 않다. 이때에는 같은 계열의 파스텔 톤 색상으로 은은하게 꾸미면 침실이라는 공간의 목적에 잘 부합하며 동시에 부족한 기운도 보완할 수 있다. 자신의 기운에 맞는 색상으로 꾸밀 때, 색상의 농담濃淡에 변화를 주는 것도 좋은 방법이다. 예를 들어, 목木의 기운을 얻기 위해 온통 짙은 초록색으로 꾸미기보다는, 바닥은 짙게 하고 벽과 천장에는 옅은 초록색의 도배지를 바르면 보다 조화롭고 부드러운 공간이 된다.

부족한 기운을 보완해주는 침실 색상

자신에게 부족한 기운의 색상을 사용하면 잠을 자는 동안 부족한 기운을 보충하게 되므로 심신이 안정되고 숙면을 취할 수 있다. 그러나 지나치게 강렬한 원색은 피하고, 비슷하거나 옅은 색상을 사용하는 것이 좋다. 부부간에 필요한 색상이 서로 다르다면, 일단 가장에게 필요한 색상을 옅게 사용한다.

학습능률이 오르는 공부방 색상

자녀에게 부족한 기운의 색상을 사용하되 옅은 색상을 선택한다. 아이의 공부 때문에 파란색이나 녹색의 도배지를 바를 수도 있지만, 만약 목木의 기운이 선천적으로 많은 아이라면 파란색과 녹색이 자녀의 타고난 과한 기운을 더 자극하여 부작용이 생길 수 있다. 사람은 자신에게 필요한 색상으로 꾸며진 공간에서 활력과 충만한 생기를 얻을 수 있기 때문에, 우선 색상으로 기의 균형을 조

부족한 화火의 기운을 보완하기 위해 붉은색 계통으로 부부 침실을 꾸몄다. 붉은기가 도는 팥죽색 마모륨으로 바닥을 깔고, 옅은 핑크색 벽지에, 핑크빛 커튼으로 침실을 꾸몄다.

절한 다음 풍수소품으로 특정 기운을 강화시키는 것이 좋다. 따라
서 공부방은 자녀의 부족한 기운을 보완할 수 있는 색상의 바닥재
와 도배지를 사용하여 꾸미고, 예를 들어 팔괘의 지식자리에 키를
걸어 놓는 등 지식을 의미하거나 집중력을 높일 수 있는 풍수소품
을 활용한다.

가족의 건강과 화목을 위한 거실 색상

가족에게 공통적으로 필요한 색상이나 가장에게 필요한 색상을 선
택한다. 거실이 좁다면 짙은 색보다는 옅은 색을 사용한다. 거실은
실내의 중심으로서 가족의 기가 모이는 곳이기 때문에, 오행의 중
심인 토土를 상징하는 황토색 · 옅은 갈색 · 아이보리 색상을 사용
하면 무난하다.

주변의 상황을 고려하여 색상을 선택할 수도 있다. 7층 이상의 고층 아파트라면 부족한 땅의 기운을 보완하기 위해 거실을 토土의 색상으로 꾸미면 좋다. 반대로 아파트 저층이어서 인접한 조경수로 인해 햇빛이 차단되고 습기가 많아 거주자가 우울증이나 잡다한 질병에 자주 걸린다면 목木의 기운을 막아주는 금金의 색상인 흰색으로 거실을 꾸며서 기의 균형을 조절할 수 있다.

좋은 기운이 들어오는 현관 색상

거실과 동일한 색상을 사용한다. 40평 이상이어서 중문으로 현관과 실내가 구분되어 있다면, 기의 원활한 유입을 위해 옅은 초록색 도배지를 사용해도 좋다.

청결한 주방 색상

주방은 흰색 계통이 좋다. 오행의 금金은 청결과 소독의 의미가 있으며, 조리하는 음식을 돋보이게 하여 식욕을 돋우어준다. 주방이 좁을 경우 짙은 색상은 주부를 짜증나게 하고 쉽게 피로하게 만들므로 피하도록 한다.

건강한 식생활을 위한 식당 색상

검은색을 피하고 식욕을 돋우는 밝고 연한 색을 택한다. 가족에게 공통적으로 필요한 색상이나 가장에게 필요한 색상 중 알맞은 색을 찾아서 꾸민다.

쾌적한 화장실 색상

타일과 위생구는 흰색이나 아주 옅은 아이보리색을 사용하고, 습기를 제거하고 쾌적한 공간으로 만든다. 수水를 상징하는 검은색이나 짙은 갈색은 아주 좋지 않기 때문에 반드시 피하도록 한다.

1. 현관이 넓다면 반드시 중문을 설치하여 기의 흐름을 조절하도록 한다.
2. 화장실은 흰색이나 옅은 아이보리색으로 마감하는 것이 좋다.
3. 넓은 주방이든 좁은 주방이든, 주방은 흰색 계통이 좋다.

한국풍수와 서양풍수의 차이점

서양에서 널리 유행되는 풍수는 흑모파BTB-Black Hat Tantra Buddhist이다.

흑모파黑帽派는 티벳불교의 한 유파로서, 검은 모자를 착용한 데서 유래된 명칭이다. 흑모파는 현재 미국에서 활발한 활동을 하고 있는 토마스 린 윤Thomas Lin Yun이라는 중국계 미국인에 의해 현대적으로 발달된 풍수로서, 티벳불교·도교道敎·전통적인 풍수의 혼성적인 기법으로 볼 수 있다.

현재 대개의 서양풍수는 흑모파 풍수에 기초하여 이론을 전개할 정도로 흑모파 풍수는 서양에서 널리 유행하는 대표적인 서양 풍수이다.

흑모파 풍수는 긍정적인 마음 상태의 형성을 중요시 여기는 것과 팔괘八卦 이론을 적용할 때 나침판의 방위보다는 집의 현관의 방위를 기준으로 하는 것이 특징이다.

서양풍수 흑모파와 한국풍수 사이에는 두 가지 커다란 차이점이 있다.

먼저 팔괘에 대한 색상 배치 방법이 다

한국풍수의 색상 배치

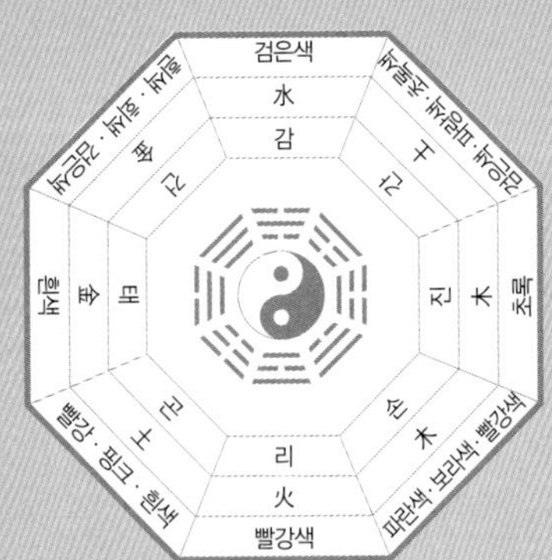

서양풍수 흑모파의 색상 배치

르다.

한국풍수와 비교해볼 때 서양풍수사들은 팔괘에 대한 색상배치에 있어 다양한 변화들을 시도하고 있다. 그들은 오행 색상뿐만 아니라, 한 괘의 색상에는 그것의 양쪽에 위치한 괘의 색상이 혼합된 색상도 포함된다고 본다. 이것은 오행 색상의 한정된 틀에서 벗어나 보다 다채로운 색상들을 접목시키기 위한 시도로 볼 수도 있다.

좀더 자세히 예를 들자면, 간방艮方과 곤방坤方은 우리풍수의 전통적인 분류에 따르자면 오행의 토土로서 황색에 해당한다. 그러나 서양풍수에서는 간방의 양쪽에 있는 감방坎方의 검정과 진방震方의 초록이 혼합된 색상인 파란색을 간방에 포함시킨다. 마찬가지로 곤방의 색상도 역시 곤방 양쪽에 있는 리방離方의 빨강과 태방兌方의 흰색 사이에서 변해가는 의미로 해석하여 빨간색과 흰색이 혼합된 핑크색 계통도 곤방에 포함시킨다.

오행과 팔괘의 색상 사용에서 한국풍수와 서양풍수 사이의 이런 차이를 잘 이해하여, 사용자의 기호나 경험에 맞는 자신만의 맞춤 방법을 계발하는 것도 풍수의 조화로운 측면과 부합된다고 할 수 있다.

두번째로, 한국풍수와 서양풍수는 팔괘를 적용하는 방법에서 커다란 차이점을 보인다.

한국풍수는 건물의 중심점을 찾은 다음, 반드시 나침반을 통하여 방위를 결정한 뒤 팔괘를 배치한다. 이때 팔괘 각각이 차지하는 각도는, 전체 360도를 8개의 방위로 나누는 것이므로 각 45도씩이다. 이렇게 하여 건물의 중심점을 기준으로 각각의 위치들은 특정한 방위적인 의미와 기운을 가진다.

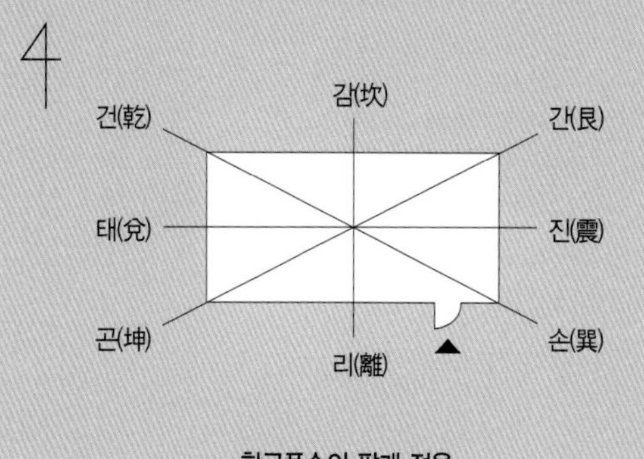

한국풍수의 팔괘 적용

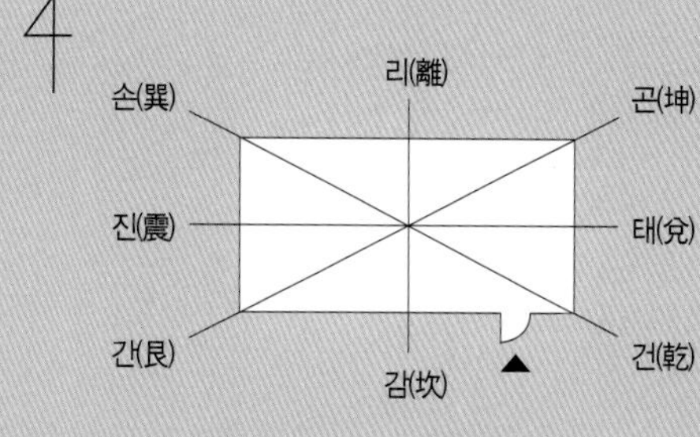

서양풍수 흑모파의 팔괘 적용

반면에 서양풍수는 팔괘를 적용할 때 대단히 간편한 방법을 사용하고 있다. 그들은 특정한 장소에 기가 유입되는 곳은 바로 출입문이라고 보고, 절대적인 방위와는 상관없이 무조건 출입문이 있는 면의 중심을 감괘坎卦로 잡은 뒤 팔괘를 배치한다. 서양풍수의 이러한 팔괘 적용법은 군주남향君主南向의 맥락에서 이해해볼 수 있다. 고전적인 풍수이론에 따르면 출입문으로 들어가는 사람을 건물의 주인으로 보며, 특히 군주는 출입문으로 들어가서 남쪽을 바라보며 앉아 정사政事를 행하는 것을 원칙으로 하였다. 따라서 출입문이 있는 벽면坐坐에 해당이 바로 상징적인 북쪽의 방위인 감괘坎卦가 되며, 그 맞은편인 바라보는 쪽向向에 해당이 상징적인 남쪽이 되는 것이다. 이러한 이론의 타당성을 이 자리에서 깊게 논할 필요는 없지만, 서양풍수의 이러한 팔괘 적용법은 정방향으로 배치되지 않은 건물이나 공간에서는 효용가치가 크다고 볼 수 있다.

한국풍수와 서양풍수의 팔괘 적용의 차이점을 집의 도면을 보며 좀더 구체적으로 설

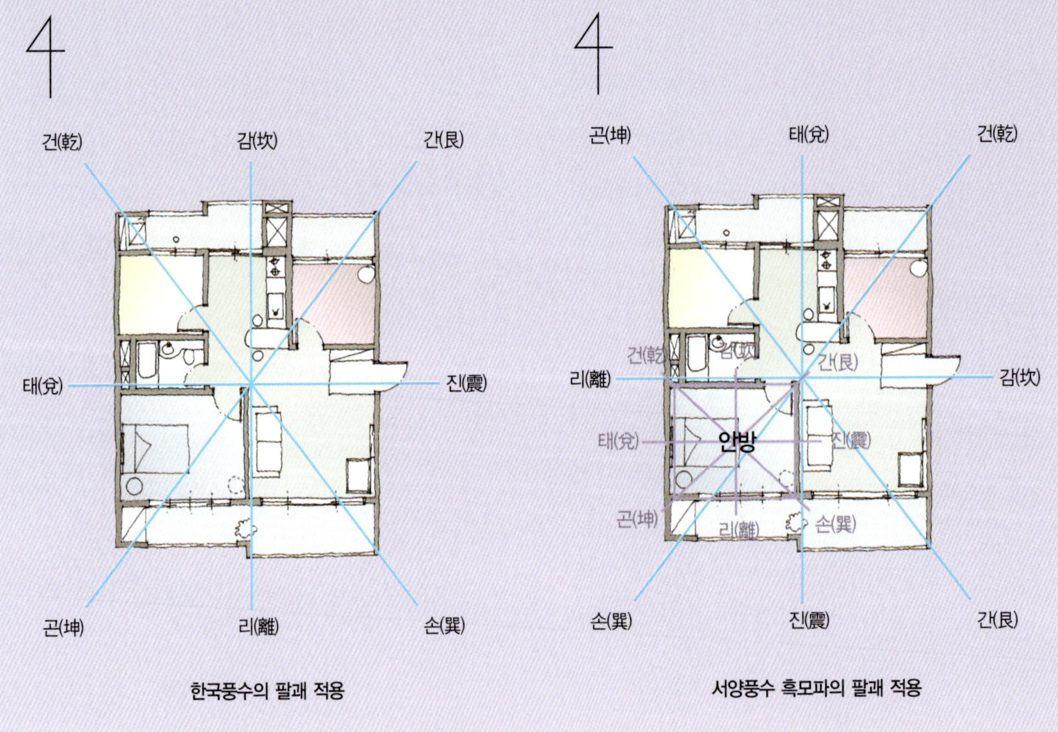

한국풍수의 팔괘 적용   서양풍수 흑모파의 팔괘 적용

명하자면, 한국풍수는 집의 중심에서 각 방위의 팔괘를 적용한다.

　반면 서양풍수는 기가 유입되는 출입문을 기준으로 팔괘를 적용한다. 먼저 집의 현관을 기준으로 하여 팔괘를 적용하고, 안방 방문을 기준으로 안방에 또 다른 팔괘를 적용할 수 있다.

　그러나 건물의 설계와 내부구조 배치시 건물의 중심점이 가지는 상징성 및 기능성을 고려한다면, 서양풍수의 상대적인 방위를 적용하는 팔괘법보다는, 절대적인 방위를 측정하여 길흉을 예측하는 한국풍수가 더욱 효과적이지 않을까 생각된다.

상공간이나 사무실에 맞는 색상을 찾으려면

흑모파의 색상 선택 방법

상공간이나 사무실처럼 다양한 사람들의 기가 뒤섞이고 많은 사람들이 모이는 공동공간의 색상을 선택할 경우에는, 서양에서 널리 유행하고 있는 풍수인 흑모파의 색상 선택 방법을 활용하는 것이 유용하다. 흑모파의 색상 이론은 개인의 개별적인 특성을 고려하지 않는 경향이 있으며, 대신 색 자체가 지니고 있는 기운을 중시하고 오행의 상생, 상극관계를 이용해서 실내의 색상을 정하기 때문에 병원이나 음식점 또는 물건을 파는 매장 등 공동공간에 아주 효과적으로 사용할 수 있다.

자신이 추구하고자 하는 가치나 공간의 목적에 맞는 기운을 정했다면, 흑모파의 팔괘 도표를 참조하여 맞는 색상을 우선 결정한다. 그 다음 오행의 상생관계를 이용하여 실내의 색상을 정해나가면 된다.

색상을 정하는 순서는, 바닥 → 벽 → 천장이나 바닥 → 가구 → 벽 → 커튼 → 천장 순으로 정하면 무리가 없다.

예를 들어, 토土의 색상을 지니고 있는 참나무 마루재를 바닥에 깔았다면, 가구는 토土와 상생관계인 금金의 색상인 흰색 천을 씌운 소파를 선택하고, 벽은 금金과 상생관계인 수水의 색상인 옅은 회색으로, 커튼은 수水와 상생관계인 목木의 색상인 옅은 초록색 계통으로, 천장은 옅은 복숭아색이 사용한다.

몇몇 공간의 색상 선택을 예로 들어보자.

안과 | 팔괘에서 눈을 상징하는 빨간색 계통을 선택하되, 병의 회복을 뜻하고 자극적이지 않은 옅은 복숭아색을 벽에 사용한다. 벽이 화火의 색상이므로, 화와 상생관계인 목木의 색상인 초록색 바닥재를 깐다. 천장은 화와 상생관계에 있는 토土의 색상인 베이지색을 사용하면 된다.

커피전문점 | 커피를 상징하는 옅은 갈색

의 바닥재를 깔고, 옅은 갈색이 상징하는 토+와 상생인 금金의 색상인 흰색으로 소파나 가구 색상을 선택한다. 그리고 금이 기운을 강하게 만들어주는 수水의 색상인 옅은 회색으로 벽면을 칠하고, 수와 상생인 목木의 색상인 옅은 초록색으로 커튼을 달고, 목과 상생인 화火의 색상인 옅은 복숭아색으로 천장을 마감한다.

일식집 | 음식을 익히지 않고 날로 먹는 횟집이나 일식집은 빨간색 계열과 초록색은 피해야 한다. 왜냐하면 빨간색은 화火를 상징하고 초록색 역시 불을 일으키는 소재인 목木의 기운을 지니고 있으므로 열기가 맛을 변질시키고 신선도를 떨어뜨리기 때문이다. 이런 공간에는 바다를 상징하는 검은색깊은 바다는 검게 보임이나 파란색, 또는 오행의 수水의 색상인 짙은 갈색이나 회색 계통을 적절히 사용하면 좋다.

갈비집 | 초록색과 빨간색을 사용할 수 있다. 전체적으로 옅은 초록이나 베이지색을 기본 톤으로 하되, 싱싱한 야채나 고기를 상징하여 식욕을 자극하는 초록이나 빨강의 원색을 포인트 색깔로 사용한다. 갈비집의 벽과 천장에는 검은색을 사용하지 않도록 한다.

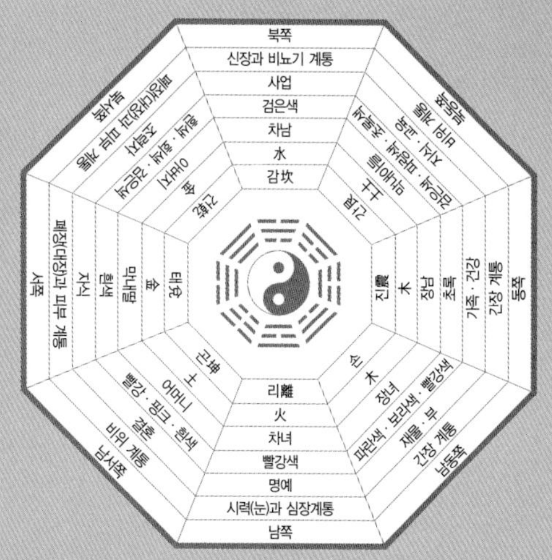

서양풍수 흑모파의 팔괘

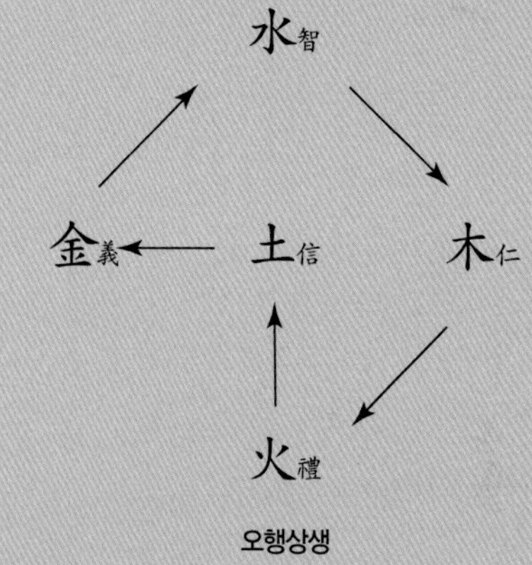

오행상생

3 소품 하나로 집 안에 새로운 기운을 불러들인다

풍수소품은 공간의 균형을 회복하고 특별한 삶의 기운을 증폭시키는 중요한 도구가 된다. 풍수소품에는 우리의 정서를 흠씬 느낄 수 있는 전통적인 소품들과 유리구슬, 피리, 거울 등 서양풍수에서 주로 사용하는 소품들이 있다. 이 소품들은 공통적으로 외부의 악한 기운을 막아주고 좋은 기를 상승시키기 위해 사용되어온 것들이다. 기가 움직이면 마음이 움직이고, 마음이 움직이면 행동이 바뀌어, 결국 운명이 변한다.

그러나 풍수소품을 사용할 때 한 가지 주의할 점이 있다. 같은 소품이라 하더라도 그것과 관련하여 연상되는 이미지는 각자의 환경이나 배경에 따라서 다를 수가 있다. 예를 들어, 우리 민족이 전통적으로 좋아하는 흰색을 중국인들은 죽음이나 불행한 인생과 연관지어 생각한다. 이처럼 같은 사물이라 하더라도 문화와 개인에 따라서 전혀 다른 상징과 이미지를 지닐 수도 있기 때문에, 아무리 좋은 의미를 가지고 있는 풍수소품이라 하더라도 그것을 볼 때 개인적으로 좋지 않은 이미지가 연상된다면 그 소품은 사용하지 말아야 한다.

풍수소품을 사용할 때에는 자신의 상상력을 통해 목적에 맞는 이미지가 연상되는 소품인지가 가장 중요하다. 사용자의 목적에 맞는 좋은 이미지가 연상되는 적절한 풍수용품을 활용하면 더욱더 기운 좋고 편안한 주거공간으로 꾸밀 수 있다.

다양한 풍수소품으로 집 안 기운이 달라진다

화분

화분은 활용도가 매우 높은 풍수소품이다. 생기가 충만한 초록색 식물은 부족한 자연의 기운을 공급하여 정서를 순화시킨다.

화분으로 좋지 않은 기운을 차단한다 화분은 불안한 외부의 기운이 실내로 침범하는 것을 훌륭하게 막아준다. 주변 건물의 날카로운 모서리나 뾰족한 지붕이 가까이에서 자신을 응시하고 있다면, 거주자는 무의식중에 불쾌감과 불안을 느끼게 된다. 이때에는 베란다에 화분을 놓아서 기의 화살이나 외부의 불쾌한 전경을 막을 수 있다. 창밖으로 멀리 내다보이는 공동묘지나 무덤이 일으키는 무기력한 기운도 베란다에 화분을 놓아서 막을 수 있다.

화분으로 재물과 명성을 얻는다 팔괘의 재물자리인 손방위巽方位남동쪽는 목木의 기운을 가지므로, 실내의 손방남동쪽에 초록색 초목이 담긴 화분을 두면 재운이 더욱 강화된다. 남향집이라면 거실 쪽 베란다의 중앙인 리방離方 남쪽에 빨간색 꽃이 피는 화분을 놓으면 승진과 명성을 얻게 된다.

해바라기는 좋은 기운을 증폭시킨다 꽃 중에서 해바라기는 기운을 증폭시키는 불빛 같은 역할을 하는 훌륭한 풍수소품이다. 이때 해

바라기는 조화造花라도 괜찮다. 실내의 구석자리는 기가 정체되어 탁한 기가 모이는 곳인데, 이런 구석자리에 해바라기를 놓으면 정적인 기운이 자연스럽게 움직이면서 기의 순환이 원활해진다. 부부 침실에 아이들의 사진과 함께 작은 해바라기를 놓아두자. 아이들의 웃음소리가 방을 가득 채울 것이다.

주의할 점 좁은 실내에 키가 큰 초목이 심긴 화분을 잔뜩 들여놓는다면 오히려 기의 흐름을 방해하고 거주자의 기운을 압박할 수 있으니 주의해야 한다. 그리고 아무리 값비싼 나무라 하여도 좋은 이미지가 연상되지 않는 부담스러운 형태를 가진 것은 피해야 한다.

풍경風磬 · 금속으로 만든 종

오행 중의 금金은 의기義氣와 재물을 상징한다. 따라서 종소리는 재물을 불러들이고 악한 기운을 막아준다. 풍경이나 종은 옛날부터 사찰이나 한옥에 널리 사용되어왔으며, 요즈음에도 주로 가정집이나 가게의 출입문에 설치되어 사용되고 있다. 특히 출입문이나 어둡고 구석진 자리, 사람의 손길이 닿지 않는 구석진 곳에 있는 창문에 풍경이나 종을 매달면 악한 기운과 더불어 도둑의 침입까지 막아주는 효과가 있다.

징 · 꽹과리

다양한 전통 악기들도 훌륭한 풍수소품이다. 가족들의 의사가 단절되고 집안 분위기가 침체되어 있다면 거실에 꽹과리를 걸어두자. 이때 반드시 채를 같이 걸어야 한다. 그러나 한 달 이상 장기간 사용은 금한다.

만약 집에 도둑이 들었거나 우환이 자주 생긴다면 집을 깨끗이 청소하고 징을 울려 나쁜 기운을 몰아낸다.

우리의 전통 타악기는 집 안의 침체된 분위기를 동적으로 변화시켜주는 훌륭한 풍수소
품이다. 가족간에 대화가 단절되고 분위기가 침울하다면 소리 나는 타악기를 소품으로
활용해보자.

키

우리 조상들이 사용하던 전통적인 생활용품은 풍수소품으로 다양
하게 활용 가능하다.

키는 풍족한 수확과 넉넉한 살림살이를 의미한다. 따라서 실내
의 재물자리인 남동쪽에 키를 걸어두면 살림이 넉넉해진다. 이때,
녹색 끈으로 키를 묶어 곡식이 담길 수 있는 형태가 되도록 키를
거꾸로 걸어두어야 재물이 모이게 된다.

지식자리인 북동쪽에 키를 걸면 키가 곡식에 섞인 돌을 골라내
듯 잡념이 없어지고 정서가 안정된다. 자녀들의 공부방에 이 방법
을 활용해보도록 하자. 이때에는 파란색 끈으로 키를 묶어서 키의
입구가 아래를 향하도록 걸어두어야 한다.

복조리 · 밥주걱 · 바가지

주로 부엌에서 사용하던 전통 생활용품인 복조리, 밥주걱, 바가지
는 재물과 부를 상징한다.

실내의 재물자리인 남동쪽에 복조리나 밥주걱, 바가지를 인테리
어 소품으로 활용하면 재물운을 강화시킬 수 있다. 이때에는 복조
리나 밥주걱, 바가지의 손잡이가 위쪽을 향하도록 해야 한다. 사용
자의 상상력을 더 동원한다면, 박이 탐스럽게 열린 초가집이나 벼
가 누렇게 익은 가을 들판의 사진 등 재물과 부를 의미하는 다양한
소품이나 사진들을 풍수소품으로 사용할 수도 있다.

단, 바가지를 보면 거지의 밥그릇과 같이 좋지 않은 이미지가 연
상되는 사람이라면 그 소품은 사용하지 말아야 한다.

발

현관에서 거실이나 방이 바로 보인다면 발을 설치하여 기의 흐름

을 부드럽게 조절할 수 있다. 발은 외부의 시선을 차단하여 실내를 보호하고, 외부의 거친 기운을 부드럽게 여과하여 실내로 공급한다. 화장실로 통하는 복도 입구에 발을 설치하면 화장실의 탁한 기운이 실내로 퍼지는 것을 막을 수 있다.

하지만 통행이 빈번한 통로에 거추장스럽게 발이 걸려 있거나, 통풍이 잘 안 되는 천으로 현관이나 화장실 복도를 가로막는다면 오히려 기의 흐름을 막게 되므로 주의해야 한다.

유리구슬

서양풍수에서 자주 등장하는 유리구슬은 사용자의 상상력에 따라 다양한 용도로 사용된다. 재물자리인 남동쪽이 비좁고 어둡다면 그 자리에 유리구슬을 걸어 기를 증폭시켜 재정적 곤란을 해결할 수 있으며, 옷방이나 창고에 정체되어 있는 탁한 기를 순환시키는 역할을 하기도 한다.

- 출입문과 일직선상에 창문이 있으면 출입문으로 유입된 인생의 좋은 기회와 재물이 창문을 통해 고스란히 빠져나가게 된다. 이런 구조의 주택과 아파트의 경우, 창문 앞 적당한 위치에 유리구슬이나 종을 매달면 좋다. 유출되는 기를 걸러주어 기가 실내에 고르게 퍼지도록 한다.
- 긴 복도 끝에 유리구슬을 매달면, 빠르게 흐르는 기의 속도를 늦추고 외부로 빠져나가는 기를 걸러준다.
- 어둡거나 지저분하여 기가 정체되는 곳에 유리구슬을 매달아 탁한 기를 순환시킨다.
- 병원의 영안실이나 공동묘지, 기타 죽음을 연상시키는 사물이나 풍경이 보이는 창문 앞에 유리구슬을 매달면 안 좋은 전망을 반

베란다 너머로 보이는 옆 동 모서리가 보이지 않게끔 소품을 천장에 매달았다. 소품이 옆 동 모서리가 보이는 전망을 가려주어 기의 화살의 공격을 막아준다. 유리구슬이나 종이 아니더라도 옆 건물 모서리가 보이지 않게끔 소품을 적절히 매달아서 기의 안정과 마음의 평안을 가져온 주부의 센스가 돋보이는 소품 활용법이다. 이 책에서 소개하고 있지 않더라도 이처럼 다양한 소품을 풍수 원칙에 맞게끔 활용할 수 있다.

사시켜 실내의 기를 보호할 수 있다.

● 아파트의 베란다에 유리구슬을 매달면, 옆 동이나 옆 건물의 모
  서리에서 나오는 날카로운 기의 화살을 막을 수 있다.

수족관 · 어항

물은 재물과 지혜를 상징하며, 생기와 여유를 느끼게 한다. 실내의
재물자리인 남동쪽에 기포가 피어오르는 수족관이나 어항을 두면
아이들의 정서가 안정되고 재물운이 강화된다.

 분수와 연못을 풍수소품으로 활용하라

관공서와 백화점 앞에 분수를 설치하면

분수는 도로를 따라 빠르게 직진하는 기의 속도를 늦춰준다. 관공서 앞마당에 분수를 설치하면 민원인과 근무자의 마음이 안정되어 다툼이나 갈등이 줄고 질서 있게 일 처리가 된다. 단, 관공서에 분수를 설치할 경우에는 원색의 화려한 조명은 설치하지 않도록 한다. 반면에 백화점 입구나 식당가, 휴게공간에 분수를 설치하고 다양한 색상의 조명을 비춰준다면 고객의 구매 욕구를 한층 더 자극하고, 생동감있는 휴식을 취할 수 있다. 그러나 백화점 매장 내에 분수를 설치하는 것은 피해야 한다.

검찰청과 경찰청 내에 연못을 만들면

의기義氣와 날카로운 분별력을 본질로 하는 금金의 성질을 지녀야 하는 검찰이나 경찰은, 청사 내에 연못을 만들 필요가 있다. 정치권은 화火의 기운이 강하다고 볼 수 있는데, 물이 이런 화기火氣를 단속하여 불의 뜨거운 열기에 금金이 속절없이 녹아내리는 것을 막아주기 때문이다. 따라서 검찰청과 경찰청 내에 연못을 만들어서 정치권의 화火의 기운을 막는다면 검찰과 경찰이 정치권에서 독립하여 본연의 임무를 수행할 수 있게 될 것이다. 연못은 생명력이 유지되어야 하므로 배수구 시설에 신경을 쓰고 물고기가 살도록 해야 한다. 그러나 검찰과 경찰은 여러 유혹에 흔들림 없이 날카로운 이성을 잃지 않아야 하기 때문에, 색깔 있는 어종은 피하고 화려한 조명도 설치하지 않도록 한다. 연못의 위치는 외부의 기운이 유입되는 출입구 부근이 적당하다.

팔괘는 동·서·남·북·동남·남서·북서·북동쪽의 8개 방위에 각각 배치되며, 각 방위는 삶의 보편적인 욕구와 야망을 내포하고 조절한다. 각 방위에 맞는 풍수소품을 활용한다면 그 방위와 관련된 기운을 더욱더 북돋울 수 있다. 아래에 소개하는 풍수소품의 활용법을 다양하게 적용하여 자신에게 가장 잘 맞는 인테리어를 해보도록 하자.

동쪽 새로운 시작과 전진

동쪽은 팔괘의 진방위震方位이다. 동쪽이 막혀 있거나 동쪽의 기운이 약하면 그 집은 좋은 출발을 기대할 수 없다. 동쪽은 다음과 같은 부분에 영향을 미치는 방위이며, 아래의 풍수소품을 활용하여 그 기운을 증폭시킬 수 있다.

- **오행** 목木
- **인체** 발, 간장 계통
- **가족** 장남의 자리
- **의미** 가족들의 화목과 건강, 일의 새로운 시작과 전진
- **권장 소품** 나무액자에 담긴 가족 사진, 초록색 식물 화분, 어항이나 수족관
- **금지 소품** 죽은 나무, 쇠붙이, 철제가구, 흰색 소품들

동남쪽 재물과 번영

동남쪽은 팔괘의 손방위巽方位이다. 실내의 동남쪽이 어둡고 지저분하거나 기운이 약하면 재정적으로 곤란이 생긴다. 동남쪽에 잡

동사니가 잔뜩 쌓여 있거나 배수구가 있어도 재물운이 좋지 않게
된다.

- 오행 목木
- 인체 엉덩이, 간장 계통
- 가족 장녀의 자리
- 의미 재물과 번영, 사업의 외부적인 확장, 대인관계에서의 신
  용
- 권장 소품 초록색 식물 화분이나 빨간색 꽃을 피우는 식물 화
  분, 어항이나 수족관, 실내용 작은 분수, 키, 복조리,
  밥주걱, 박으로 만든 바가지
- 금지 소품 죽은 나무, 쇠붙이, 철제가구, 흰색 소품들

남쪽 사회적 명예와 명성

남쪽은 팔괘의 리방위離方位이다. 인기와 명성을 원하는 연예인이
나 정치인이라면, 자신의 집이나 사무실의 햇빛이 드는 남쪽에 존
경할 만한 인물 사진이나 붉은 해가 떠오르는 일출 사진과 같이 붉
은색 계통의 사진이나 명화 작품을 걸어두는 것이 좋다.

- 오행 화火
- 인체 눈과 심장 계통
- 가족 차녀의 자리
- 의미 사회적인 명성과 명예
- 권장 소품 벽난로, 붉은색 계통의 사진이나 명화 작품, 빨간색
  꽃이 피는 식물 화분, 본받을 만한 인물 사진이나 조
  각상

- **금지 소품** 검은색 계통의 소품, 어항, 수족관

남서쪽 애정

남서쪽은 팔괘의 곤방위坤方位이다. 침실의 남서쪽 자리에 빨간색 계통의 꽃이나 소품을 놓아보자. 이왕이면 검은색 꽃병에 장미를 꽂고 거기에 스탠드를 비춘다면 애정운이 더욱 상승할 것이다. 꽃병의 검은색이 상징하는 수水와, 장미 줄기의 초록색이 지니고 있는 목木의 기운, 그리고 빨간색 장미꽃이 지닌 화火의 기운이 서로 상생관계이기 때문이다. 침실의 남서쪽에 서로 사랑했던 기억을 떠올릴 수 있는 연애시절의 사진을 올려놓아도 좋다. 만약 당신이 싱글이고 좋아하는 사람이 있다면 그 사람의 사진이나 소지품을 침실 남서쪽에 두어도 좋다.

- **오행** 토土
- **인체** 복부, 비위 계통
- **가족** 부인, 어머니 자리
- **의미** 애정, 결혼, 부부관계
- **권장 소품** 빨간색 계열의 싱싱한 꽃, 결혼식 사진, 사랑하는 이성의 소지품
- **금지 소품** 다른 이성의 사진, 가시가 있는 선인장, 짝이 없는 소품(예를 들어, 기러기 한 마리)

서쪽 자식

서쪽은 팔괘의 태방위兌方位이다. 자식이 없다면 부부침실이나 아이방의 서쪽 자리에 아기 용품을 바구니에 넣어두거나 예쁜 아이 사진을 걸어두면 좋다.

- **오행** 금金

- **인체** 폐장, 대장, 피부, 입

- **가족** 막내딸(젊은 여자, 첩)

- **의미** 자식

- **권장 소품** 철제가구, 금속액자에 넣은 아이들 사진, 철제 소품,
  흰색 · 노란색 · 갈색 · 황토색 계통의 소품

- **금지 소품** 벽난로, 빨간색 계통의 소품, 양초

북서쪽 조력자

북서쪽은 팔괘의 건방위乾方位이다. 만약 음식도 맛있고 친절한데도 불구하고 가게의 매상이 신통치 않다면 매장의 북서쪽을 잘 살펴보도록 한다. 매장에서는 특히 사업을 의미하는 북쪽감방위, 재물을 의미하는 동남쪽손방위, 그리고 동업자와 손님을 의미하는 북서쪽건방위, 이렇게 세 방위가 매상에 직접적인 영향을 미친다. 만약 지저분한 청소도구함이 그 자리들에 있다면 당장 치우도록 하고, 그 자리에 화장실이 있다면 항상 유리알처럼 깨끗하게 관리해야 한다.

조력자 자리인 북서쪽에 당신의 사업을 돕는 가게 식구들의 사진과 맛깔스런 음식 사진들을 붙여놓으면 좋다. 재물자리인 동남쪽에는 기포가 솟아나는 수족관을 설치하는 것이 좋다.

- **오행** 금金

- **인체** 폐장, 대장, 피부, 머리(안면)

- **가족** 아버지의 자리

- **의미** 사회적인 권위와 지배력, 승진운과 조력자나 동업자 운

- **권장 소품** 철제가구, 철제 소품, 흰색이나 은색 계통의 소품,
  동업자나 가게 점원들 사진, 업종에 맞는 작업도구
  (예를 들어 음식점이라면 예쁜 그릇을 걸어놓을 수
  있음).
- **금지 소품** 벽난로, 빨간색 계통의 소품, 양초

북쪽 **사업**

북쪽은 팔괘의 감방위坎方位이다. 자신이 부실한 남자라고 생각한
다면 집 안의 북쪽 자리를 살펴보기 바란다. 신장과 비뇨기 계통이
부실하면 아무리 돈이 많아도 남자로서의 매력이 있을 리 없다.

  기발한 아이디어로 열심히 일을 하는데도 번번이 실패만 한다
면, 자신의 능력을 한탄하고 있지만 말고 실내의 북쪽과 동남쪽을
한번 살펴보자. 그쪽에 물이 빠져나가는 배수구가 있지는 않은가?
혹은 비가 올 때마다 물이 새어 얼룩이 지거나 곰팡이가 피어 있지
는 않은가? 온갖 잡동사니를 쌓아두지는 않았는가? 만약 그렇다면
북쪽과 동남쪽 자리를 깨끗이 정리하고, 배수구에는 토土의 기운을
가진 노란색 끈을 묶어 재물의 유출을 막도록 한다.

- **오행** 水水
- **인체** 귀, 신장, 비뇨기 계통
- **가족** 차남의 자리
- **의미** 사업운
- **권장 소품** 어항, 수족관, 거울, 사무실 내부 사진, 검은색 계통
  의 소품
- **금지 소품** 노란색 계통의 소품, 넓은 광야나 대지의 풍경을 담
  은 사진, 흙으로 만든 도자기나 소품

북동쪽은 팔괘의 간방위艮方位이다. 자녀의 공부방에서는 북동쪽
자리가 특히 중요하다. 아이의 약한 기운을 보완하기 위해서는 아
이의 오행 분포에 적절한 색상의 도배지나 바닥재로 공부방을 꾸
미도록 하고, 북동쪽 자리에 학습능률을 높이는 데 도움이 되는 다
양한 소품들을 걸어두도록 한다.

- **오행** 토土
- **인체** 손, 비위 계통
- **가족** 막내아들

방위에 따른 풍수소품 활용 예

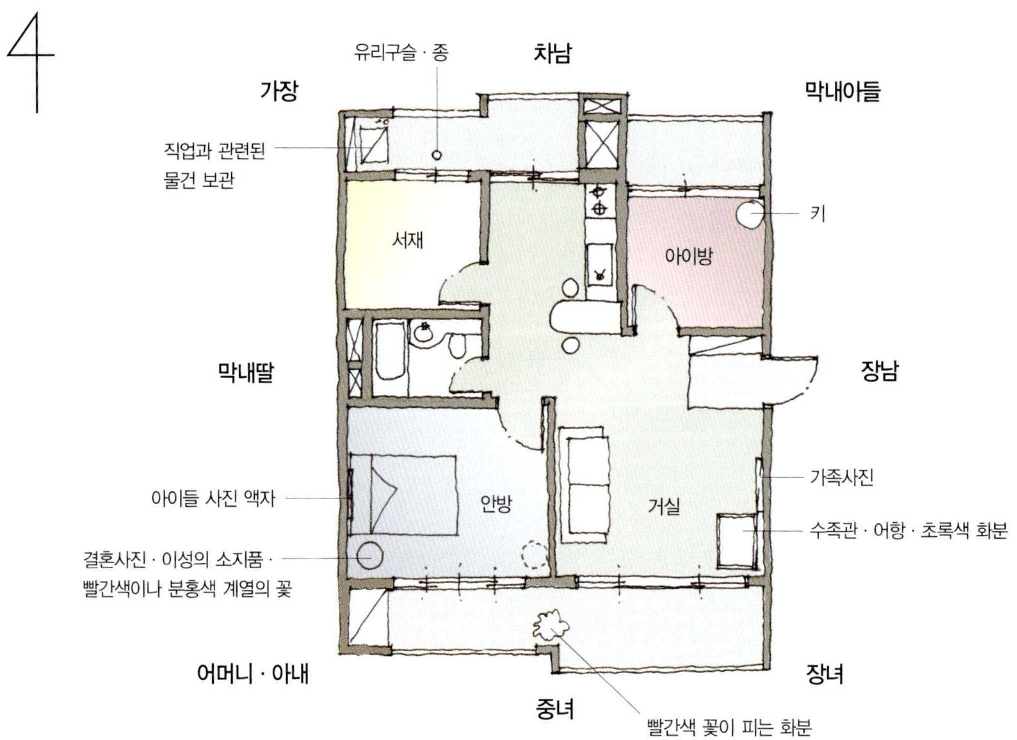

- **의미** 지식, 교육

- **권장 소품** 키, 책, 위인 사진(예를 들어, 세종대왕, 아인슈타인
  등과 같이 똑똑하고 학문적으로 훌륭한 업적을 남긴
  사람들)

- **금지 소품** 쓰레기통, 걸레통

나침반을 이용하여 방위를 결정할 때의 주의점

기존 풍수 인테리어 책에서는 방위의 중요성을 강조하고 있지만, 정작 간과하고 있는 부분 중의 하나가 바로 나침반의 정확성이다. 그러나 나침반의 방향과 실제 지리학적인 남북 방향 사이에는 각도의 차이가 있기 때문에 주의해야 한다. 이러한 각도 차이를 편각偏角이라고 하는데, 우리가 사용하는 보통의 나침반들은 실제 지리학적인 정남과 정북에서 6~7도 정도 서쪽으로 기울어져서 정남과 정북을 가리키고 있다.

따라서 방위를 정확하게 측정하고 싶다면, 나침반이 가리키는 방위를 그대로 따를 것이 아니라, 나침반이 가리키는 방위에서 동쪽으로 6~7도를 이동시킨 방위를 기준점으로 삼아야 한다. 집의 규모가 그다지 크지 않거나 엄밀한 방위의 측정이 필요하지 않다면 이런 편각의 개념은 별로 중요하지 않을 수도 있으나, 정확한 좌향坐向, 건물의 정면 방향과 뒷면의 방향을 계산해야 할 경우 편각을 반드시 고려해야 한다.

건물의 요철 부분은 길흉을 암시한다

생활풍수에서 이상적으로 생각하는 건물 형태는 대개 직사각형 혹은 정사각형이다. 단순한 사각형 형태의 건물들은 대단히 안정적이고 균형감이 있다는 장점이 있지만, 그러나 뚜렷한 형태의 변화가 없기 때문에 그만큼 활력과 변화의 힘이 부족하다고 볼 수도 있다. 다양한 곡선과 직선으로 디자인된 건물은 그러한 형태가 지니는 특이한 기운을 보는 이와 거주자에게 선사하게 된다. 건물에서의 요철凹凸 부분을 풍수적으로 볼 때, 요凹와 철凸 부분이 암시하는 길흉의 기운이 각기 다르다. 따라서 건물의 요철을 적절히 살린 디자인이나 설계를 하고자 할 때, 혹은 요철이 있는 건물에 살고 있을 때, 요철과 관련된 풍수적 지식이 결합된다면 디자인적으로도 역동적인 느낌을 줄 수 있을 뿐 아니라 풍수적으로도 기의 균형과 조화를 이루는 건물을 만들 수 있을 것이다.

풍수에서는 건물의 전체적인 평면에서 요凹 부분은 결缺한 형태로 보아 흉하다고 해석하며, 평면에서 돌출된 부분인 철凸 부분은 특정한 힘이 강조되고 있기 때문에 길하다고 해석한다. 문제는 건물의 어떤 면에 요철凹凸 부분이 있을 때, 과연 그것을 움푹 들어간 요凹로 보아야 할 것인지 돌출되어 튀어나온 철凸로 보아야 할 것인지를 먼저 판단해야 한다는 점이다.

이때 중요한 것은 요와 철을 구분하는 기준인데, 건물의 면에서 튀어나온 부분이 작을수록 그것은 철凸의 작용을 강하게 한다고 보면 된다.

요철을 구분하기 위해 간단한 예를 들어보자. 먼저 10센티미터 길이의 직선을 그려보자. 그리고 그 위에 돌출 부분을 그려보자. 만약 가로 길이 3센티미터 이하의 돌출 부분이라면, 그것은 직선의 전체 길이 10센티미터에서 차지하는 비중이 작기 때문에 확실한 철凸 부분이 될 것이다. 그런데 그 직선 위에 이번에는 가로 길이 6센티미터의 돌출 부분을 그린다면 어떤 느낌이 들까. 이때는 6센티미터의 돌출 부분이 부각되기보다는 오히려 나머지 4센티미터 부분의 움푹 들어간 부분 즉 요凹 부분이 강조되는 평면이라고 보아야 맞다.

이렇게 이해하면, 실제 건물에서 요철을 판단하는 방법 역시 간단하다.

먼저 요철이 있는 면의 전체 길이를 재도록 한다. 그리고 불쑥 튀어나와 있는 듯이 보이는 돌출 부분의 길이를 잰다. 돌출 부분의 길이가 그 면 전체 길이의 3분의 1 이하라면 그것은 길한 작용을 하는 곳으로서 철凸로 간주하면 된다. 반대로 돌출되어 보이는 부분이 그 면 전체 길이의 3분의 1을 넘는다면 그것은 철이 아니며, 오히려 돌출 부분과 인접한 부분의 결함, 다시 말해 움푹 들어간 요凹 부분이 생성된 것이다. 결론적으로 말한다면, 요철의 기준은 튀어나온 부분의 길이가 해당하는 면의 전체 길이의 3분의 1 이하면 철凸이라고 볼 수 있고, 3분의 1 이상이면 오히려 요凹라고 보아야 한다는 것이다.

만약 특정한 방위에서 요철이 발생하면 그 방위의 상징적 의미와 관련된 길흉 작용

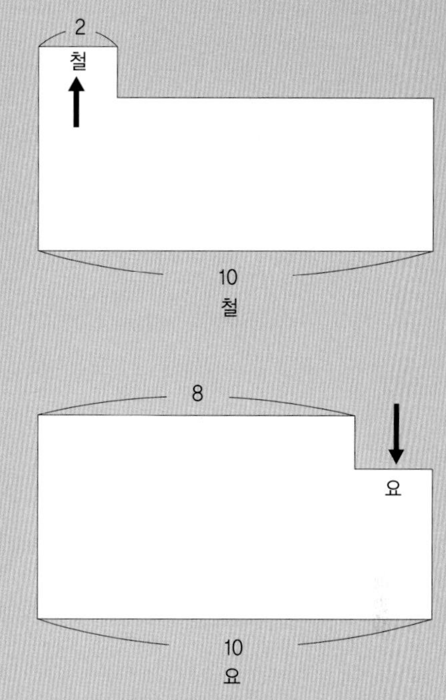

이 발생한다. 일반적으로 요凹된 부분은 영향력이 결핍된 것이므로 부정적인 작용이 일어나며, 철凸된 부분은 영향력이 강화되어 긍정적인 작용이 일어난다고 본다.

따라서 위에서 설명한 측정 방법을 통해 요凹 부분으로 판명되었다면 이제 요 부분이 가지는 부정적인 작용을 보완하기 위한 풍수적 처방을 취해야 한다. 이때에는 움푹 들어간 요凹 부분에 나무를 심거나 아니면 조명기구나 풍수소품을 적절히 설치하면 결한 부분인 요를 메꿀 수 있으며 흉한 기운도 막

아낼 수 있다.

요철의 구분을 이해한다면 건물의 중심을 찾는 일은 보다 쉽게 접근할 수 있다.

그림A는 한 면의 3분의 1이하가 돌출된 것으로서, 돌출된 부분의 방위가 어디냐에 따라 그 방위가 지닌 특정 기운이 강화된 형태를 가지고 있다. 이때 평면의 중심은 각 꼭지점 abcd에서 대각선을 그어 만나는 지점이다. 그러나 기운이 강화된 지점이라 하여도 돌출된 영역에 예를 들어 부부의 침대나 아내의 화장대, 자녀의 책상 등을 둔다면, 가족들이 밖으로만 돌면서 일탈적인 행동들이 집 밖에서 벌어질 가능성이 높으므로 이 점을 반드시 유의해야 한다.

그림B는 돌출된 부분이 전체 면의 3분의 1 이상이 되어 특정 기운이 부족한 형태이다. 이때에는 함몰된 부분에서 연장선을 그어 가상의 꼭지점 a´를 만든 다음, 각 꼭지점 a´bcd에서 그은 대각선이 교차하는 지점을 평면의 중심으로 잡는다.

그림C는 특별한 요철이 없는 형태로 각 꼭지점에서 대각선을 그어 만나는 지점이 중심이 된다.

실제로 보다 다양한 평면에서 중심을 구하는 것은 그렇게 쉬운 일은 아니지만, 요철

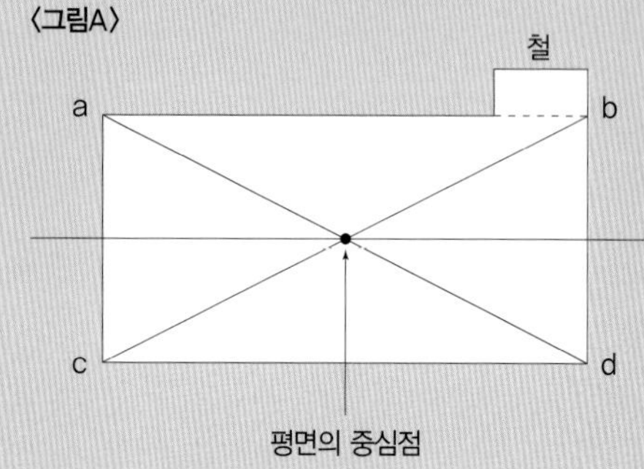

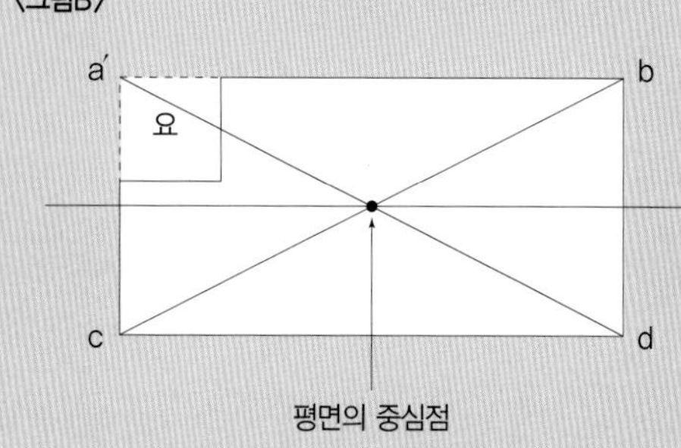

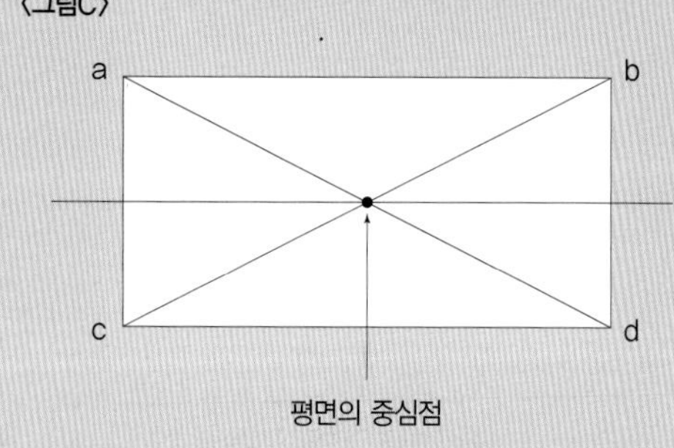

의 기준이 3분의 1 이라는 원리를 이해한다면 효과적으로 평면의 중심을 찾고 팔괘를 적용할 수 있게 된다.

요(凹) 부분에 조명을 설치하여
기운 강화

전체 면의 3분의 1 이상이 돌출되어 있어서
오히려 요凹가 강조된 건물 외관이다.
그런데 움푹 들어가 있는 요 부분에
조명을 설치하여 기운을 강화하고 있는
풍수적 처방이 돋보인다.

4 조명 하나로 달라지는 집안의 운기

조명 기구를 이용한 다양한 풍수처방은 조명기구의 형태와 불빛 색깔과 조도, 설치 위치에 대한 세심한 주의가 필요하지만, 설치하는 그 즉시 기의 변화된 흐름을 느낄 수 있으니 지금 한번 활용해 보도록 하자.

조명기구로 좋은 기운을 강화시킨다

조명기구를 적절히 활용하면, 주택이나 사업장에서 기운이 약한 부분을 보완할 수 있으며 팔괘가 상징하는 각 방위의 기운을 강화시킬 수도 있다. 예를 들어, 부를 상징하는 자리인 남동쪽 자리손방위에 적합한 어항이나 복조리 등의 풍수소품으로 그 자리를 꾸미고 더불어 스탠드 불빛을 비춰주면 그 방위의 기운을 더욱 강화시킬 수 있다.

 그러나 이 경우에도 주의할 점이 있다. 생활풍수의 가장 기본적인 원칙 중 하나가 바로 균형과 조화를 이루는 것이다. 아무리 좋은 풍수적 처방이라 하더라도 뭐든지 과하면 오히려 좋지 않다. 조명기구가 좋은 기운을 강화시킨다고 해도, 모든 방위에 조명을 비추는 것은 지나친 욕심일뿐더러 오히려 이런 과도함이 집 안의 기의 균형을 깨뜨릴 수 있다.

기운이 가장 강화되길 원하는 자리가 어디인지 하나를 결정하자. 그리고 그 방위에 알맞은 소품을 배치하고 그곳에 스탠드를 설치하여 적절한 조명을 비춰 그 자리의 기운을 더욱 강화하도록 하자. 이것이 바로 현명한 풍수 인테리어이다.

조명기구로 좁은 집 안의 기운을 안정시킨다

대부분 평형대가 작은 집의 경우, 출입문을 열자마자 좁은 현관의 막힌 벽과 거실이 동시에 보이는 구조로 되어 있다. 이렇게 현관에 들어서자마자 시선이 두 군데로 분산되는 구조의 집에서는 평형감과 균형이 깨져 정서가 불안정해지고 피로를 느끼게 된다. 이런 문제는 시선이 분산되지 않고 한 곳으로 시선을 모을 수 있도록 막힌 벽면에 주목할 만한 액자나 장식물을 매달아 시선을 집중시키면 해결된다. 여기에 벽등이나 스탠드처럼, 액자를 비추는 조명기구를 적절히 설치하면 멀고 가까운 두 곳으로 갈라지는 시선을 한쪽으로 집중시켜 더욱더 집 안의 기운을 안정시키고 균형을 이룰 수 있다.

조명기구로 어긋난 기의 균형을 바로잡는다

조명기구를 이용하면 어긋난 기의 균형을 바로잡을 수도 있다. 집 안의 마주보는 문이 서로 어긋나 있다면 아이들이 넘어져서 팔 다리의 골절이나 상해를 입을 수 있다. 이때에는 문의 중심선을 따라 천장에 매입등을 설치한다면 공간의 균형을 바로잡을 수 있다.

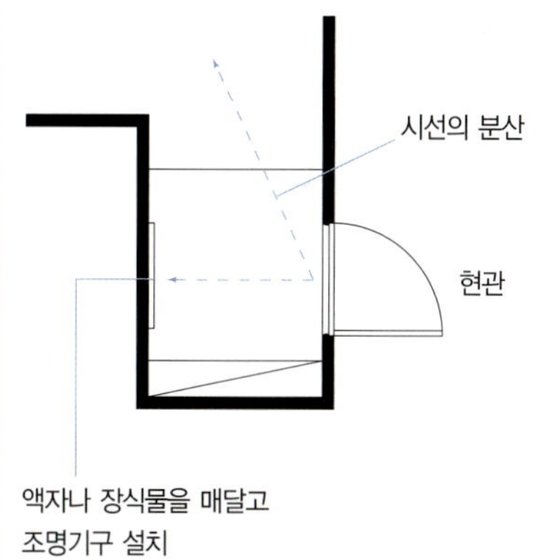

액자나 장식물을 매달고
조명기구 설치

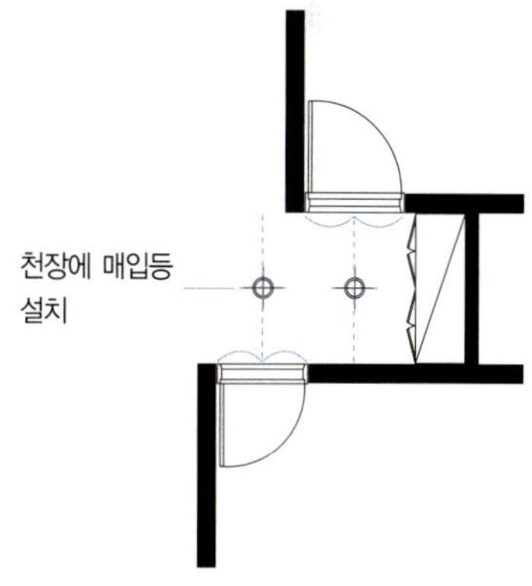

두 문이 어긋나 있는 경우 각 문의 중심선에 맞추어서 천장에 매입등을 설치하면 어긋난 기의 균형을 바로잡을 수 있다.

불빛은 어둡고 구석진 자리의 정체된 기를 순환시키며, 빠져나가
는 기를 붙잡기도 한다. 진입로가 도로의 내리막길과 연결된 주택
이나 아파트의 경우, 내리막 아래쪽에 조경석을 세우거나 나무를
심고 그 옆에 외부조명을 함께 설치하면 기울어진 경사면을 따라
빠져나가는 기를 붙잡을 수 있다.

조명으로 강남과 강북의 기를 연결한다

다리는 크기나 형태에 상관없이 양쪽 지역의 기를 연결해주는 중요한 역할을 한다. 한강을 사이에 두고 강남과 강북이 생활과 교육면에서 많은 격차를 보이는 가장 큰 이유는 한강의 다리들이 양쪽의 기를 제대로 연결하지 못하기 때문이다. 대부분 한강다리는 사람이 다니는 인도의 폭이 지나치게 좁고, 인도와 연결되는 길마저 끊어진 곳이 많은데, 이처럼 사람이 편안하게 걸어다닐 수 없는 다리는 양쪽의 기를 잘 연결시켜주지 못한다.

이에 대한 풍수적 처방으로는, 한강다리 인도의 폭을 넓히고 다양한 조명 계획으로 다리의 기운을 상승시켜 기의 소통을 원활하게 하면 된다. 그러면 강남과 강북 양쪽의 지역적 격차가 자연스럽게 사라질 것이다.

최근에서야 한강다리에 조명계획을 하기 시작했지만 여전히 한강다리에는 사람이 편안하게 걸어다닐 수 있는 넓고 편한 인도가 없기 때문에 한강다리는 강남과 강북 사이의 기의 통로로서의 역할을 제대로 하지 못하고 있다.

- 실내의 조명은 밝게 한다. 어두운 조명은 기분을 침울하게 만들고 행동을 제약한다.

- 실내는 대부분 사각형 형태이므로 둥근 형태의 조명기구를 사용하여 기의 균형을 맞춘다.

- 안방이 지나치게 개방되어 있고 조명이 너무 밝다면 차분하고 은밀해야 할 곳인 안방을 지나치게 노출시켜 재물이 모이지 않고 흩어지게 된다. 반대로 안방이 지나치게 어둡고 폐쇄되어 있으면 생기가 제대로 유입되지 않아 건강을 해치게 된다. 안방은 에너지를 재충전하기 위한 휴식과 수면에 적합한 어두운 타입의 조명 스탠드나 매입등과, 청소와 환기, 기타 일상생활에 적합한 밝은 타입의 두 가지 조명 방식을 사용하는 것이 좋다.

3. 풍수가 좋은 주거공간을 찾아라

풍수적으로 좋은 묘자리를 찾을 때에는
원거리의 산과 강의 형세를 살펴서
혈血 자리를 찾지만, 집터를 구할
경우에는 원거리의 산세가 그다지
중요하지 않다. 오히려 대지의 좌우측에
있는 건물의 모양이나 방향, 색상 등에
거부감이 들지는 않는지, 주변 도로가
거주자가 출입하기에 얼마나 용이한지를
살펴보아야 한다. 즉, 생활풍수에서 보는
집터로서의 명당자리는 주변 건물과
인접 도로, 대지의 토질과 지형에서부터,
삶에 직접적인 영향을 미치는 주변의
사소한 것들까지도 구체적으로 살펴보고
신중하게 결정해야 한다.
현대인은 일생 동안 다섯 번 정도
이사를 하고 한 번은 집을 짓는다고 한다.
풍수적으로 좋은 집터를 찾아
집을 짓는 일은 일평생 한 번 정도
만나게 되는 기회이므로 많은 노력과
오랜 시간을 투자해서라도
정성을 다해야 한다.

1　건강한 우리 집 만들기

산 경사면의 대지라면 중간 이상의 높이에, 산의 얼굴 방향에 맞춰라

산 경사면의 대지라면 산의 중간 이상 정도의 높이가 적합하고, 정상 부근의 땅은 좋지 않다. 이때 중요한 것은 산의 활력을 판단하는 것과 산의 얼굴에 집을 짓는 것이다.

산의 활력을 따질 때에는 초목의 상태와 산의 전체적인 모습을 살피도록 한다. 산이 힘이 없고 바위가 드러나고 숲이 조성되어 있지 않았다면, 그 산은 약룡弱龍 혹은 병룡病龍으로서 풍수적으로 그다지 기대할 바가 없는 곳이다. 가시를 가진 초목이 많거나, 나무가 곧게 자라지 않고 나뭇잎이 누런 황갈색인 대지도 마찬가지이다. 이런 산은 활력이 없기 때문에 풍수적으로 좋은 집터라고 보기 어렵다.

산은 자연스럽게 앞뒤를 구분할 수 있다. 산세가 완만하고 방문객을 끌어안듯이 감싸주는 곳이 산의 앞면에 해당하며 가파른 경사가 있는 곳이 산의 뒷면이다. 집을 지을 때에는 산의 앞면 즉 산의 얼굴에 짓는 것이 좋다. 만약 산의 얼굴이 남향이나 동향이라면 그곳은 집을 짓기에 최고의 적지라고 볼 수 있지만, 설혹 산의 얼굴이 북쪽을 향하고 있다면 주택의 정면 역시 산의 얼굴과 방향을 같이 하여 북쪽으로 내는 것이 바람직하다. 주변 환경을 고려하지 않고 무조건 남향집이나 동향집과 같이 특정방위만을 고집하기보다는 산의 얼굴을 찾아서 그와 같은 방위로 집의 정면이 나도록 짓는 것이 주변 환경과 조화롭고 균형을 이루는 올바른 풍수적인 선택이기 때문이다.

전저후고前低後高의 대지가 좋다

전저후고의 대지란 뒤가 높고 앞은 완만하게 낮은 대지이거나, 적당히 큰 건물이 뒤를 받쳐주고 있는 대지를 말한다. 주거공간을 하나의 유기적인 생명체로 본다면, 전저후고의 대지에 세워진 집은 등받이가 있는 의자에 편안하게 앉아 있는 것처럼 안정적이고 균형감이 있다. 따라서 대지는 정면보다 뒤쪽이 높아야 하며, 건물의 본체는 부속건물이나 인접도로보다 높아야 한다. 건강한 기를 얻고 좋은 전망을 얻기 위해서도 인근보다 적당히 높은 대지가 좋다.

만약 집터가 인접도로나 이웃집보다 낮으면 흉한 기운이 모이게 된다. 이 경우 지반을 높이거나, 조명이나 조경수로 흉한 기운의 유입을 막고 정체된 기를 순환시켜야 한다.

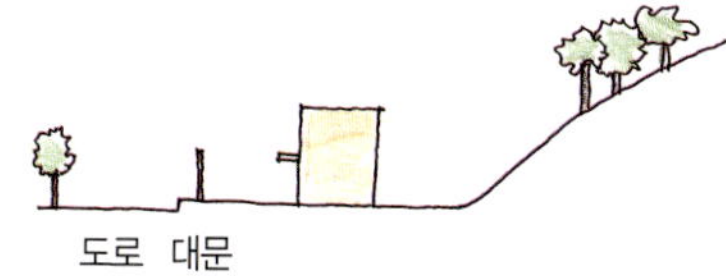

전면보다 깊이가 긴 대지가 좋다

전착후관前窄後寬은 대지의 전면 길이보다 깊이가 더 길어야 한다는 의미로, 이런 대지가 좋은 기운을 간직할 수 있는 복된 집터이다. 재물과 존귀함이 산과 같이 쌓인다는 전착후관의 대지는 전저후고

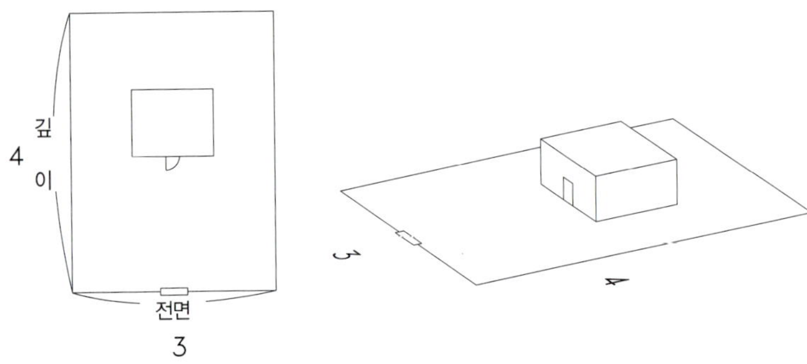

의 대지와 함께 집터로서는 대표적인 길상이다. 대지의 전면이 너무 비좁다면 궁상맞은 형태의 대지로 아예 좋은 기가 유입될 수 없기 때문에 전면 대 깊이의 비율은 3:4 정도의 비율이 적당하다.

골짜기나 계곡 주변의 대지는 신중히 살핀다

산 사이의 골짜기나 물이 흐르는 계곡 주변의 대지는 보다 신중하게 살펴야 한다. 기는 바람을 타고 이동하기 때문에, 골짜기는 산 정상으로 부는 골바람이나 산 아래로 부는 산바람의 통로가 된다. 산세가 완만한 넓은 골짜기에는 바람과 물길을 피한 좋은 대지가 있지만, 경사가 급하고 좁은 골짜기에 지어진 집은 자연스러운 기의 흐름을 가로막고 서 있는 모습이 된다. 이처럼 기의 이동을 가로막고 있는 집의 거주자는 항상 불안하고 성격과 마음이 거칠어지게 된다.

숲과 맞닿은 대지의 경우, 숲속의 음습한 기운과 곤충이나 야생동물의 침입을 막기 위하여 집 높이의 두 배 정도 간격을 두고 집을 짓는다. 울창한 숲속에 있는 집은 가끔씩 머무는 휴양지로는 적당하지만 장기간 살 집으로는 적당치 않다.

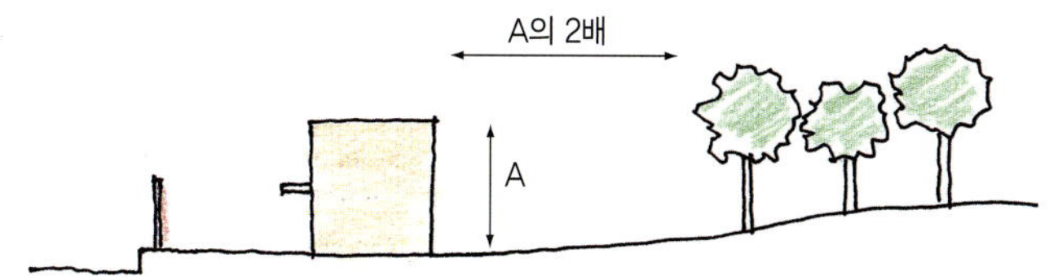

숲과 맞닿은 대지라면, 숲과 건물 높이의 두 배 정도 간격을 두고 집을 짓는다.

≫≫≫ 대지를 구할 때 주의할 사항

- 토질을 살펴보자. 땅의 기운은 초목의 상태를 보면 알 수 있다. 토질이 비옥하고 지기地氣가 충만한 땅은 초목이 녹색을 띠며 촘촘히 자라지만, 물 빠짐이 좋지 않은 진흙땅과 사암이 풍화된 땅은 초목이 잘 자라지 않는다. 그리고 주변의 공기가 오염되어 있다면 나뭇잎에 항상 뿌연 먼지가 앉아 있을 것이다.

- 이장하지 않은 유골이 있는지 반드시 확인한다. 사자死者와 생자生者는 동일한 공간에서 거주해서는 안 되는 것이다. 따라서 풍수적으로 보기에 좋은 집터인데도 여러 가지 좋지 않은 일들이 계속 일어난다거나 거주자의 심신이 불안정하다면, 그곳이 혹시 묘자리였는지 알아볼 필요가 있다. 겉은 번듯한데 식구들이 횡액을 당하거나, 특히 새집을 짓거나 이사를 와서 그런 일을 당하면, 집터 아래에 이장하지 않은 유골이 있는지 알아보아야 한다. 양지 바른 산 경사면의 대지라면 집을 짓기 전에 유골이 있는지

반드시 확인하도록 한다.

- 집터를 구했다면 주변 환경을 정화시켜야 한다. 집터에 심어져 있는 보기 흉한 나무는 제거하고, 특히 고목의 뿌리나 개미집 등은 남겨두어서는 안 된다.

- 인근지역이 잘 사는 곳이 좋다. 인근지역이 잘 사는 곳이면 주변의 좋은 기를 받아 부유해진다. 부촌에 있는 집인데도 주거자의 건강 악화와 사업 실패, 기타 좋지 않은 이유로 집을 비워두거나 헐값에 팔려고 내놓는 경우가 있다. 만약 대지 밑에 유골이 있거나 골짜기를 가로막고 있는 집, 또는 전저후고를 무시한 집이 아니라면, 이 경우에는 땅의 결함보다는 잘못된 내부구조 때문에 그런 일들이 생길 수 있다. 이런 집은 허물고 신축하는 것이 좋은데, 집을 허물고 1~2개월 정도 시간을 두어 옛 기운을 없애고 대지를 정화시킨 다음 공사를 시작하도록 한다.

- 막다른 골목에 위치한 대지는 되도록 피하라. 막다른 골목에 위치한 집은 마치 개울물을 막는 것처럼 기의 흐름을 가로막게 된다. 이런 대지는 피하는 것이 좋으며, 만약 자신의 대지가 막다른 곳이라면 골목과 나란한 통로를 비워 기의 통로를 확보한 다음 뒤편으로 건물을 세워야 한다.

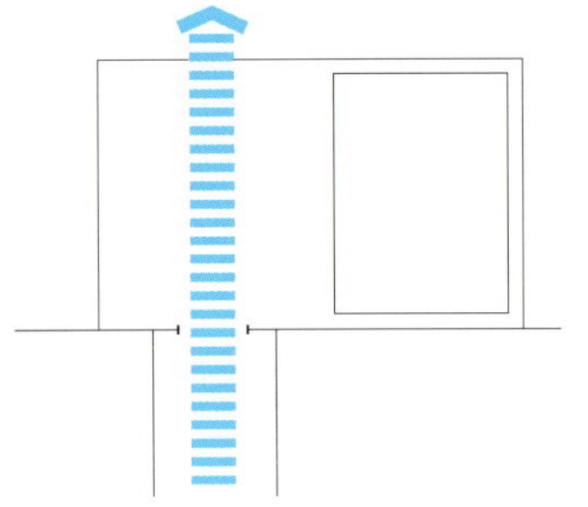

막다른 골목에 위치한 집은 골목과 나란한 통로를 비워두고 대문을 내야 하며, 대지의 뒤쪽에 건물을 세워야 한다.

- 고압선 주변의 대지는 피하라. 고압선이 지나가는 지역은 고압 전류에서 발생하는 유해한 전자파에 의해 백혈병에 걸릴 가능성이 많아지고 만성두통을 앓기도 한다. 특히 전원주택 단지에 근접한 고압선의 뾰족한 철탑은 거주자를 위협하여 불안하게 만들고 인근지역의 자연스러운 기운과 질서를 파괴한다.

- 무덤 주변이나 공동묘지가 보이는 곳, 날카로운 바위산 주변의 대지는 풍수적으로 좋지 않다

- 인접도로와 일직선상에 놓여 있는 대지일 경우 풍수적 처방이

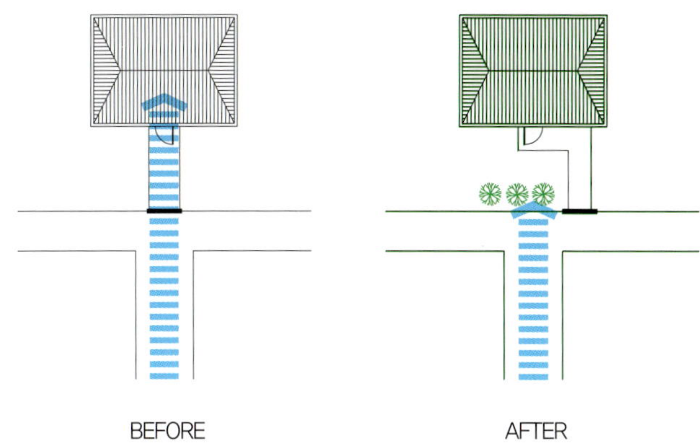

도로와 대문, 현관문이 일직선상에 놓여 있을 경우 마당의 진입로 방향을 바꾸고 도로와 일직선상의 위치에 나무를 심어 기의 속도를 늦춘다.

필요하다. 도로와 대문 그리고 현관문이 일직선상에 있다면, 빠르게 직진하는 기가 그대로 실내로 유입되어 거주자의 안정을 해치게 된다. 이 경우, 마당의 진입로 방향을 돌리거나 출입문 앞에 나무를 심어서 기의 속도를 조절한다. 진입로가 오르막이라면 낮은 계단을 만들어도 좋다.

- 쓰레기를 매립한 대지는 피하라. 쓰레기를 매립한 대지는 설령 상당한 시간이 경과되었다 하더라도 지반이 불안정하고 특히 부패가스가 발생하여 거주자의 건강을 해친다.

- 옆 건물이 지나치게 크면 좋지 않다. 풍수의 조화적인 측면에서 보면 뭐든지 과하면 오히려 균형을 깨트리게 된다. 너무 큰 이웃 건물은 자신의 집을 압박하고 필요 없는 그늘을 만든다. 또 이웃 건물의 모서리에서 생기는 그림자는 날카로운 기의 화살을 만들어 거주자를 공격한다. 그렇지만 뒷 건물은 적당히 큰 것이 좋다.

좌향坐向은 건물의 정면과 뒷면이 향하는 방향을 말한다. 대부분의 주택은 창문의 크기나 위치, 대문을 보면 쉽게 앞뒤를 알 수 있지만, 전저후고를 지키지 않거나 대문의 위치가 잘못된 경우에는 건물의 앞뒤가 애매한 경우도 있다. 주택의 앞뒤가 분명치 않으면 마치 입이나 눈이 뒤통수에 붙어 있는 것처럼 식구들은 산만하고 불안정한 생활을 하게 된다.

차가운 북서풍을 막고 양호한 채광을 얻기 위해 전통적으로 동향이나 남향을 선호하지만, 주택의 좌향은 주변 지형과 대지의 형태, 인접도로를 살펴 옆 건물과 유사하게 결정해야 한다. 국토의 70퍼센트가 산악지형인 우리나라의 경우, 저지대를 흐르는 강이나 골짜기를 따라 도로를 만드는데, 강이나 골짜기가 정확한 동서나 남북 방향으로 형성되는 일은 드물다. 그렇기 때문에 이런 상황에서 주변상황을 무시한 채 특정방위로의 좌향만을 좋다고 말하는 것은 주변 환경의 질서와 공간의 균형을 깨트릴 수 있는 위험한 풍수적 처방이다.

건물의 좌향은 대지의 형태와 인접도로의 흐름에 따라 이웃건물과 어울리게 결정해야 한다. 이것이 '주변의 형상과 어울리는 선의 효과'를 얻는 풍수의 지혜이다.

이왕이면 남향이 좋다

주변 지형의 생김새에 따라 낮은 곳으로 자연스럽게 집의 정면이 향하도록 정하게 되는데, 이왕이면 양호한 채광을 받을 수 있는 남향이 좋다. 주부가 청소나 빨래 등 집안일을 본격적으로 시작하는 오전 9시경부터 들기 시작하는 햇살은 집안을 살균하고 빨래를 잘

마르게 하며 생기를 불어넣는다. 그러나 남향집이라 하더라도 주
방에는 동쪽으로 창문을 내어 주부가 아침 햇살의 에너지를 듬뿍
받으며 하루를 시작하는 것이 좋다. 아침 햇살과 다르게 서쪽에서
비치는 햇살은 자외선이 증가하여 열기는 많지만 살균 기능은 없
고 주부를 피곤하게 만든다.

　동향집에서 밤늦게까지 일하는 사람은 눈부신 아침 햇살로 아침
잠을 설치게 된다. 동향집은 햇볕이 드는 시간이 짧고 아침의 에너
지는 큰 반면 낮 시간의 에너지는 활력을 잃게 되어 빨래 건조나
집안 위생에 좋지 않다. 그러나 이른 아침부터 움직여야 하는 게으
름뱅이나 학생이 많은 집은 동향도 좋다.

　남향집이 좋다고 해도, 주변의 지형을 무시하고 모든 집을 남향
으로 할 수는 없는 노릇이다. 우선적으로 지형에 맞는 향의 집을
만드는 것이 바람직하며, 어느 향이든 남쪽에는 적당한 크기의 창
문을 꼭 만들도록 한다. 하지만 여기서 중요한 것은, 예를 들어 북
향집이라면 북쪽의 창문이 남쪽의 창문보다는 반드시 커야 집의
얼굴이 분명해진다는 것이다. 집의 정면과 뒷면에 난 창문의 크기
가 동일하다면 마치 뒤통수에 눈·코·입이 붙어 있는 것처럼 되
어 기가 혼란해지고 안정을 잃게 되기 때문에, 집의 향으로 나 있
는 창문이 가장 커야 한다는 점을 명심하도록 하자.

도로가의 주택은 도로 쪽으로 주택의 정면이 향하도록 한다

도로가에 있는 주택이라면 도로 쪽으로 주택의 얼굴이 향하도록
좌향을 잡는 것이 기의 흐름을 고려할 때 가장 좋다.

　그러나 외부상황이 주택에 미치는 영향이 좋은지 그렇지 않은지
를 살펴서, 도로쪽으로 주택의 정면을 내는 것이 오히려 좋지 않은
영향을 받을 경우에는 좌향을 바꾸어야 한다. 대지가 자동차 전용

도로나 사람이 잘 다니지 않는 음침한 도로변에 있다거나 인접도로가 대지보다 높다면, 이런 경우에는 주택의 정면을 도로쪽으로 내지 말고 좌향을 바꾸고 대문의 위치를 조절해야 한다. 예를 들어, 산 경사면에 위치한 대지에서 대지보다 높은 도로가 북쪽에 있다면 도로를 통해 집으로 들어와야 하므로 대문은 북쪽으로 내야 하지만 주택의 정면은 남쪽으로, 현관문은 대문과 동일하게 북쪽으로 내는 것이 좋다.

이웃건물들과 같은 좌향을 선택한다

여러 번 강조했지만, 주변의 형상과 어울리는 조화로움을 얻는 것이 바로 풍수이기 때문에, 풍수이론을 고지식하게 해석하여 특정 방위만을 지향하다 보면 오히려 조화로움을 깨게 된다. 이 점을 염두에 둔다면 집의 좌향을 이웃건물과 같은 좌향을 선택하는 것이 바람직하다.

균형 있는 위치를 잡아라

대부분 대지는 정사각형이나 직사각형으로 반듯하지만, 주변의 도로나 지형에 의해 삼각형·사다리꼴·마름모꼴 등 다양한 형태의 대지가 있을 수도 있다. 건물의 위치는 대지의 중앙에서 약간 뒤로 이동시킨 자리에 잡으면 되는데, 그 자리가 가장 균형이 잡혀 있는 위치이다.

만약 대지가 아주 작은 경우라면, 뒷집과 최소한의 여유공간을 두고 최대한 뒤쪽으로 건물을 배치하고 담장을 낮게 만든다.

대지의 형태가 불규칙적으로 균형이 잡혀 있지 않을 때에는 대지의 무게중심에서 약간 뒤로 이동시킨 위치에 건물을 짓는다.

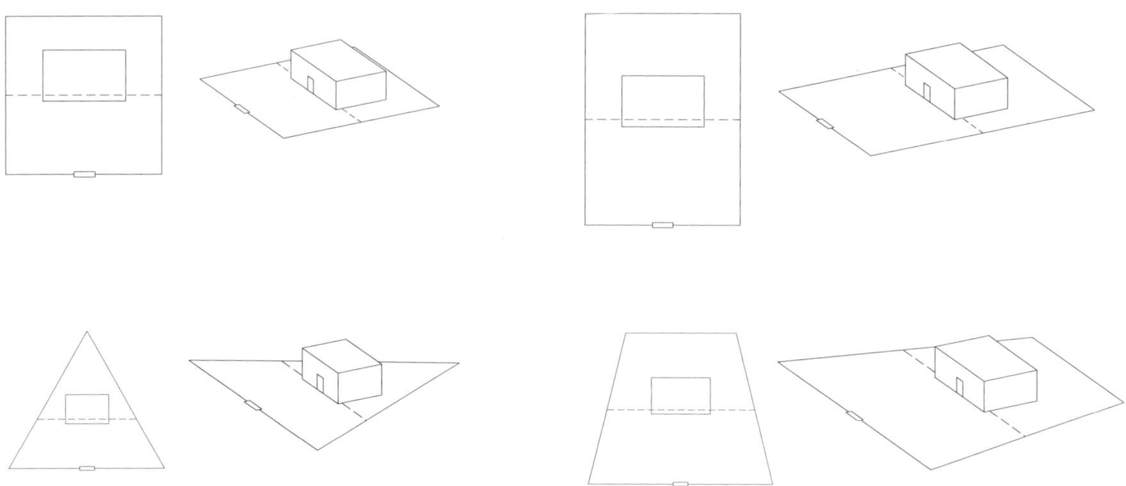

건물의 위치는 대지의 중앙에서 약간 뒤로 이동시킨 자리에 잡는 것이 가장 균형감이 있다.

주택의 크기

건물의 적절한 크기는 대지와 가족 수에 맞게 결정해야 한다. 식구는 적은데 지나치게 큰 집에 살면 소심하고 겁이 많아지며 폐쇄적인 성격으로 변한다. 너무 큰 집에는 빈방이 생길 수밖에 없는데, 빈방에 정체되어 있는 탁한 기는 우환을 불러들이고 식구들의 건강을 해친다.

아이방은 자녀들의 성장을 고려하여 크기를 정한다. 아이를 너무 큰 방에서 재우는 것은 좋지 않다. 너무 큰 공간에 아이를 두게 되면 오히려 구석진 자리를 찾게 되고 소심해질 수 있기 때문이다.

　한 사람에게 필요한 공간을 일반적으로 5~8평 정도로 보고 건물의 적절한 크기를 산출하면 된다.

동서사택론과 좌향 결정의 비밀

주택의 주요 3요소는 문門, 주主, 조灶이다. 문은 출입문이며, 주는 안방이나 침실을 말하며, 조는 주방을 의미한다. 출입문·안방·주방이 집의 중심점을 기준으로 하여 북쪽·남쪽·동쪽·동남쪽의 네 방위 안에 전부 배치되면 동사택에 해당하고, 서쪽·북동쪽·북서쪽·남서쪽의 네 방위 안에 전부 배치되면 서사택에 해당한다는 것이 바로 동서사택론이다. 예를 들어, 부엌은 동쪽에 있는데 대문은 서쪽에 있으면 동사택과 서사택이 혼합되어 있기 때문에 풍수적으로 좋지 않은 구조라고 볼 수 있다.

동서사택론은 건물의 좌향을 결정하거나 내부구조를 결정할 때 요긴하게 사용되는 이론이며, 팔괘와 오행의 상생·상극관계까지 고려함으로써 적용할 수 있는 폭이 넓다.

건물 정면이 바라보고 있는 방향을 향向이라 하고, 건물 뒷면이 바라보고 있는 방향을 좌坐라고 하는데, 건물에서 안방의 위치는 보통 좌향에 따라서 자동적으로 결정된다. 향은 건물의 얼굴이며 좌는 건물의 엉덩이쪽인데, 사람도 하체에 중심이 잡혀 있어야 안정감을 느끼듯이 주택 역시 마찬가지이다. 따라서 향이 일단 정해지면 건물의 뒤쪽 가운데 부분에 안방을 배치해야 된다. 그리고 이렇게 정해진 주에 따라서 출구의 위치를 동서사택론에 맞게 정하면 된다. 동서사택론에 따르면, 주택에서 출입문·안방·주방이 서로 혼합되어서는 안 되며, 특히 건물에서 가장 빈번한 기의 통로인 대문을 집의 안방과 주방에 맞게 배치해야 한다.

여기에 오행의 상생관계를 적용하여 음양의 조화까지 이루어지면 그 주택의 대문·안방·주방의 배치는 더욱 좋은 배치가 된다. 예를 들어, 건물의 정면이 향하고 있는 방향, 즉 그 주택의 향이 남향이라면, 안방은 향의 뒤쪽 즉 북쪽으로 정해진다. 안방이 북쪽에 있으니 이 주택은 동사택에 해당하며, 그렇다면 대문이 들어설 수 있는 위치는 북쪽·남쪽·동쪽·동남쪽의 네 가지 중 하나이다. 그리고 이 네 방위 중에 어느 쪽이 가장 좋은지는 오행 이론을 통하여 결정할 수 있다. 이 건물의 안방이 있는 북쪽은 오행의 수水에 해당한다. 수와 상생관계를 이루는 것은 목木인데, 목은 진괘와 손괘로서 각각 동쪽과 동남쪽이다. 그렇다면 동사택에 해당하는 이 주택의 경우는 동쪽의

목, 동남쪽의 목 중에서 대문의 위치를 고르면 최선의 선택이 될 것이다.

이러한 이론의 이해 없이 "특정한 좌향에는 무조건 어떤 특정방위로 대문을 내는 것이 좋다"라는 식의 기계적인 암기는 바람직하지 않으며, 건물 대지의 모습이 어떠한지 정원은 있는지 등을 종합적으로 감안하여 적절한 안방의 위치를 결정하고 그에 맞게 출입구를 정해야 한다.

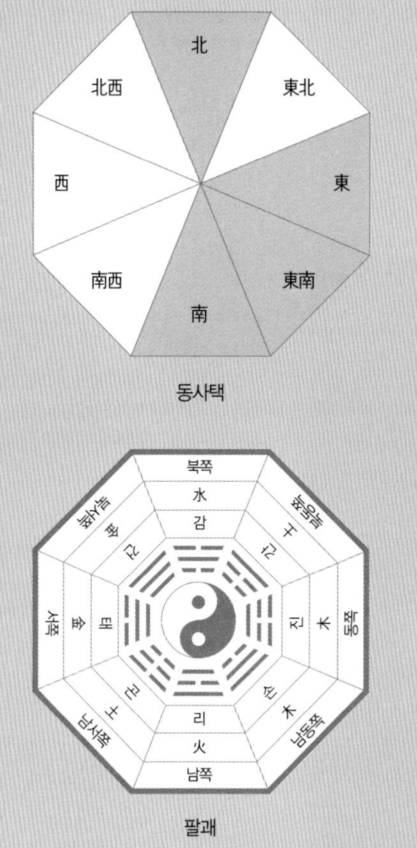

동사택

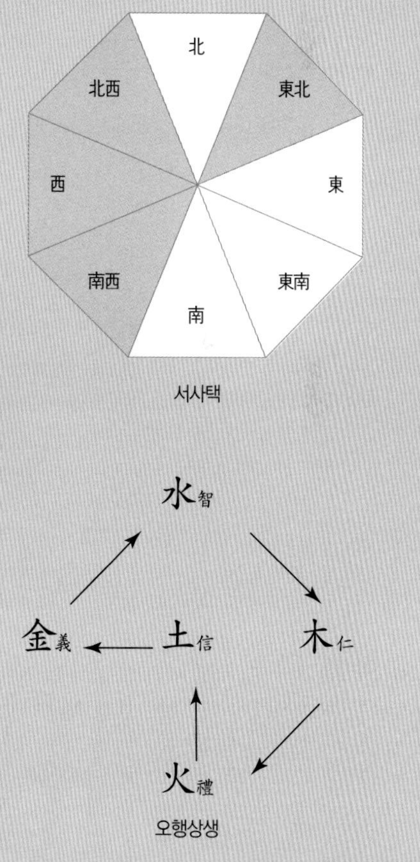

서사택

팔괘

오행상생

담장

주택의 담장은 주거공간과 외부를 구분하는 일종의 경계로서, 가족구성원을 안전하게 보호해주는 역할을 한다. 아이들이 놀 때 땅바닥에 선만 그어도 양쪽의 경계가 만들어지듯이, 주택의 담장은 외부의 소음 · 바람 · 먼지 · 도둑의 침입을 막고, 심지어는 이웃의 불행한 운명까지도 적극적으로 차단해준다.

마치 명당을 둘러싼 좌청룡 우백호와 같은 기능을 하는 담장은 높이가 고르고 안팎으로 돌출되지 않고 평평해야 한다. 만약 경사진 대지의 담장이라면 계단처럼 높이를 조절해서 지면과 일정한 높이를 유지하도록 한다.

일반적인 담장의 높이는 2.1미터가 적당하며 최대 2.4미터는 넘지 않아야 한다.

이 주택은 대지에 비해 건물 바닥 면적이 차지하는 비율이 매우 높기 때문에 대신 담장을 낮게 만들어 기의 유입을 원활하게 했다. 담장이 낮으면 방범 기능은 약하지만 마당과 외부의 경계 역할은 충분히 할 수 있다. 대문에 종을 매달거나 외부인이 인식할 수 있는 지점에 가로등과 감시카메라를 설치하여 방범 기능을 강화한다.

그러나 건물 바닥 면적이 대지의 70퍼센트가 넘는, 마당이 좁은 주택의 경우 담장이 높으면 기의 유입이 어렵고 좋은 기가 머물지 못하기 때문에 아주 답답하게 된다. 이럴 경우에는 담장을 낮게 하고 현관문을 튼튼하게 만드는 것이 좋다.

대문

대문을 통하여 외부의 기가 유입되고 인생의 온갖 기회와 재물, 인연이 찾아오기 때문에 대문은 인체에 비유한다면 입에 해당한다. 대문을 통해 건강한 기가 잘 유입되기 위해서는 대문 밖의 도로 상태도 좋아야 한다. 대문은 번듯한데 도로가 심하게 비탈지거나 비좁고, 비가 올 때마다 웅덩이가 잔뜩 생긴다면 좋은 기는 대문에 이르기 전에 사라져버릴 것이다. 이 경우 웅덩이를 메꾸고 도로를 깨끗하게 정돈한다.

● 대문은 주택의 규모나 모양과 어울려야 하고 튼튼해야 한다.
● 대문은 어른이 고개를 숙이지 않을 정도로 높게 하고, 허리를 숙여 출입하는 쪽문은 가급적 만들지 말아야 한다. 대문이 사용하기 불편하면 식구들과 손님의 왕래가 줄어들고 좋은 기회도 찾아오지 않는다.
● 대문에도 지붕을 만들면 좋다. 지붕은 생활의 안정과 존귀함을 뜻한다. 하지만 멋을 내기 위해 지붕에 구멍을 뚫어놓으면 기는 대문을 통해 집 안으로 들어오지 않고 하늘로 솟구쳐버리게 된다. 현관과 대문의 지붕을 유리로 만드는 경우도 있는데, 유리지붕은 처음에는 산뜻한 느낌을 주지만 조금만 오염되어도 쉽게 지저분해지고 기가 흩어지게 되며 일이 쉽게 깨지거나 잘못되기 쉬우므로 유리지붕으로 시공하는 것은 피하도록 한다.

출입구 지붕에 구멍이 뚫려 있어 기가 아파트 내로 유입되지 못하고 지붕의 구멍을 통해 위로 솟아올라 흩어져버린다.

● 도로의 먼지나 쓰레기, 흙탕물 등의 오물이 집 안으로 들어오는
  것을 막기 위해 대문의 하단은 턱을 만들어 도로보다 높게 한다.
  도로보다 낮은 대지라도 대문의 높이는 가급적 도로보다 높게
  만들도록 한다.

● 복을 받아들이기 위해 대문은 안으로 열리게 만들어야 한다. 그
  러나 주택의 현관문과 아파트 출입문은 바깥으로 열리는 것이
  좋다. 기존의 대부분의 풍수책에서는 복을 불러들인다는 의미로
  대문과 출입문 모두 안으로 열리도록 만들어야 한다고 주장한
  다. 그러나 이는 인식의 차이로 볼 수 있다. 문이 바깥으로 열리
  면 활기차게 기운이 밖으로 뻗어나간다고 볼 수도 있기 때문이
  다. 대문은 복을 받아들이기 위해 안으로 열리도록 만들지만, 현
  관문이나 출입문이 안으로 열리면 좁은 현관이 더 비좁아지게
  되면서 현관에서부터 짜증이 나기 쉽다. 따라서 현관문은 바깥
  으로 열리도록 만드는 것이 좋다.

마당의 진입로

대문에서 현관문에 이르는 마당의 진입로는 외부의 기를 실내로
전달하고 가족의 기가 외부로 뻗어나가는 통로이기 때문에 인체의
목구멍과 같은 역할을 한다. 진입로의 폭은 현관문보다는 약간 커
야 하고 대문보다는 약간 작은 것이 좋다. 진입로가 현관문보다 좁
으면 유입되는 기가 부족해서 가족들이 질병을 앓거나 사업이 위
축될 수 있고, 진입로가 대문의 폭이나 마당에 비해 지나치게 넓으
면 식구들은 안정을 잃고 밖으로 나돌게 된다.

● 진입로는 평평하거나 현관 쪽으로 완만하게 높아지는 것이 좋
  다.

진입로의 폭은 대문보다는 좁고 현관문보다는 넓은 것이 좋은데, 이 경우에는 진입로의 폭이 좁다.

- 진입로가 대문 쪽으로 급하게 낮아지면 기가 외부로 쉽게 빠져 나가기 때문에 안정된 생활을 기대하기 힘들다. 이때는 현관문 앞 양쪽에 조명등을 설치하여 급하게 빠져나가는 기를 붙잡아야 한다.

- 대지가 도로보다 낮아 진입로가 주택 쪽으로 낮아지면서 심하게 경사가 지면 탁한 기가 흘러들어 집안에 우환이 생긴다. 이때에 는 마당에 외등을 설치하여 탁한 기가 들어오는 것을 막고 고여 있는 기를 순환시키도록 한다.

조경

창문에 너무 근접한 나무는 햇빛을 가리고 바람을 막아 실내를 어 둡고 습하게 하고 곤충이 쉽게 들어오므로, 창문 근처에 너무 가깝 게 나무를 심지 않도록 한다.

주택의 규모와 마당의 크기에 비해 너무 큰 나무도 좋지 않다.

마당에 초목이 너무 적으면 땅의 기운이 흩어지고, 너무 많으면 사람의 기운을 빼앗아간다.

- 잎이 지지 않는 나무를 주로 심는다.

- 형태가 흉하거나 좋지 않은 느낌을 주는 나무는 심지 않는다.

- 꽃이 피는 나무, 단풍나무 등 다양한 색깔의 나무를 대지의 팔괘에 맞게 심는다. 예를 들면, 남쪽 자리는 오행 중 화火에 해당하므로 단풍나무와 같이 붉은빛을 띠는 나무가 좋으며, 서쪽 자리는 오행 중 금金에 해당하므로 목련과 같이 흰색 계통의 꽃이 피는 나무가 좋다.

- 주거자의 오행을 분석하여 특성에 맞게 조경을 한다. 예를 들면, 주거자가 토土의 기운이 약하면 목木이 토의 기운을 더 약화시키는 상극관계이기 때문에 이 경우에는 조경수를 많이 심지 않아야 하며, 주거자가 목의 기운이 약하면 목과 상극관계인 금金 즉 조경석를 많이 놓아두는 것은 피해야 한다.

금융빌딩은 유리를 사용하라

호텔·숙박업소·향락업소·도박장을 제외한 사업장의 경우, 출입구의 유리는 투명한 것이 좋다. 너무 짙은 색의 유리문과 유리창으로 건물 외부를 마감하는 것은 기의 유입을 막아 건물 거주자의 기를 약화시키고 거래처를 단절시켜 사업에 악영향을 끼친다. 그러나 금융빌딩의 경우 외관을 불투명한 유리로 마감한다면 자금이 새어나가는 것을 방지할 수 있다. 이때에는 출입구의 규모를 적당히 크게 해야 기의 유입을 증가시킬 수 있다.

동부금융빌딩 외관을 불투명 유리로 마감해 자금의 불필요한 유출을 방지한다.

● 마당에 연못을 만들려면 동남쪽 자리가 좋다. 재물자리인 동
 남쪽은 목木의 기운을 가지는데, 재물의 나무가 잘 크려면 물
 이 필요하기 때문이다. 연못은 반드시 물의 급수구와 배수구
 를 만들어서 생명력을 유지하도록 한다. 주택에서는 색깔이
 화려한 어종魚種을 키우는 것이 좋다.

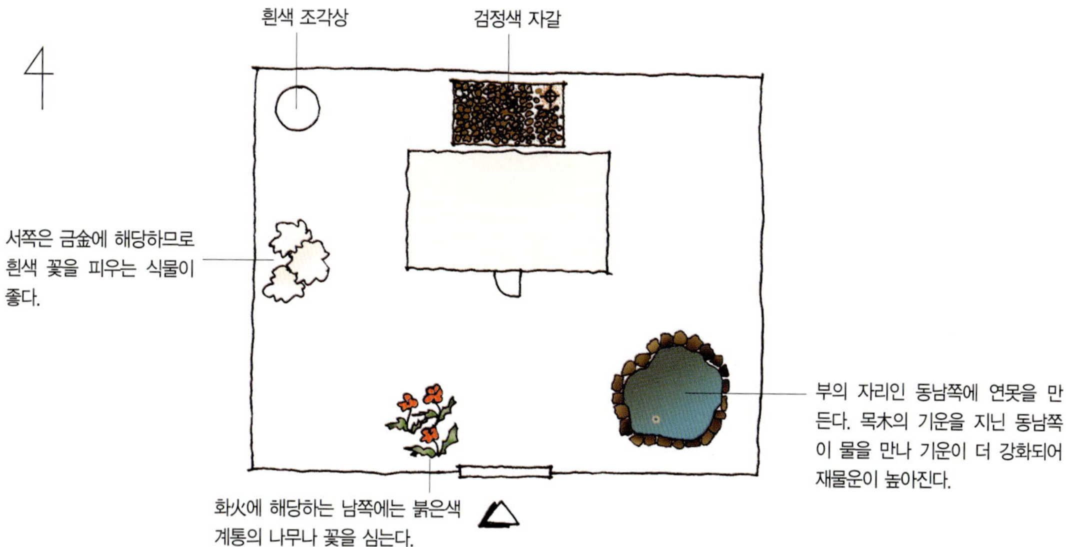

주택의 외부 마감재와 색상 선택

주택의 외부 마감재와 색상을 선택할 경우에도, 거주자의 오행 분석을 통해 약한 기운을 보완하고 과도한 기운을 누그러뜨릴 수 있는 적절한 소재와 색상을 선택하면 좋은 기운을 불러들이는 집을 지을 수 있다.

주택의 외부 마감재의 소재와 색상은 오행의 상생관계를 이용한다. 주택의 내부를 꾸밀 때는 자신의 기운에 맞게 방을 꾸미는 것이 좋지만, 가족구성원이라 할지라도 개인의 기운은 제각각이기 때문에 주택의 외부를 꾸밀 때는 개인적인 자신의 방을 꾸밀 때처럼 특정 색상을 고집할 필요는 없다.

주택의 외부를 꾸밀 때는 가장에게 맞는 소재나 색상을 기본 소재로 하되 여러 가지 색상을 적절하고 조화롭게 사용하면 된다. 예를 들어, 가장이 화火의 기운이 부족하면 화와 상생관계인 목재를 기본 소재로 하고, 색상은 목木이나 화의 색상인 초록색 계통이나 빨간색 계통을 사용한다. 현대풍수는 소재보다 색상에 비중을 두기 때문에 어떤 소재를 선택하더라도 우선 색상의 조화를 이루는 것이 더 중요하다.

서양풍수 중 가장 주된 사조를 이루는 흑모파 풍수는 주택의 외부를 인접도로와 이웃집 색상에 따라 그 색상과 상생관계에 있는 색상으로 마감하기도 한다.

흑모파 풍수의 방법을 따르면, 예를 들어서 도로가 검은색 아스팔트라면 검은색은 수水에 해당하므로 수와 상생관계인 목木의 색상인 초록색을 사용하여 주택 외부를 마감하고, 만약 도로가 붉은색 계열火이면 화火와 상생인 토土의 색상인 황토색이나 옅은 갈색을 사용하여 주택 외부를 마감한다.

좀더 세분화해서 주택의 외부 색상을 사용하고 싶다면 도로→외벽→현관문·창문→지붕의 순서로 오행의 상생관계에 있는 색상을 적용하면 된다. 예를 들어, 도로가 검은색 아스팔트라면, 검은 수水의 색상이므로 수와 상생관계에 있는 목木의 색상인 파란색이나 초록색으로 외벽을 칠하고, 목과 상생관계인 화火의 색상인 핑크색이나 빨간색을 사용하여 현관문과 창문을 마감한다. 지붕은 화와 상생관계인 토土의 색상을 사용하여 황토색·옅은 갈색·노란색으로 마감하면 된다.

그 외 다양한 방법들을 사용할 수 있는데 가령 이웃집 색상과 상생관계에 있는 색상을 선택하여 주택의 외부를 마감하는 것이다. 만약 이웃집이 흰색이면 흰색은 금金의 기운을 띠므로 우리 집은 금金과 상생관계에 있는 수水의 색상인 회색과 짙은 갈색 계통을 사용하고, 이웃집이 황토색이라면 토土와 상생인 금의 색상인 흰색을 사용한다.

색상이 서로 조화를 이루는지 아닌지는 사용자의 주관적인 느낌에 크게 좌우되기 때문에, 우리 풍수든 서양의 흑모파 풍수든 본인의 기호에 맞는다면 자유롭게 사용할 수 있다.

서양풍수 흑모파의 팔괘

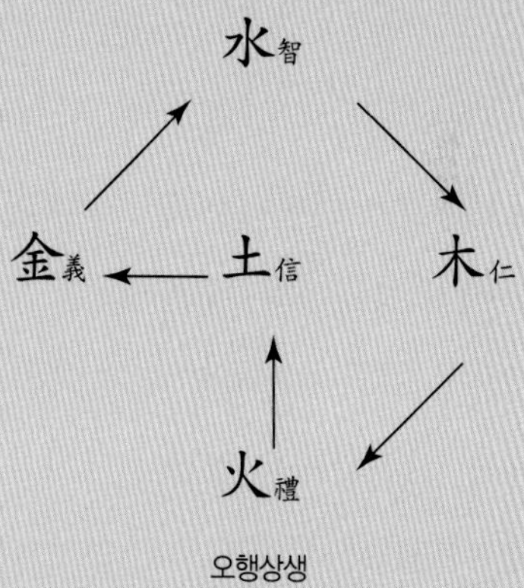

오행상생

2

내가 사는 아파트는 좋은 아파트일까 나쁜 아파트일까?

인간은 주변 환경과 영향력을 주고받으며 살아가는 존재이기 때문에 주변의 여러 요소들과 자연스럽고 조화로운 관계를 형성하는 것이 중요하다. 그러나 현대인들은 이런 점들을 다분히 무시하고 있다. 사람이 사람 위에서 겹겹이 살아가는 참으로 괴이한 형태의 주거공간인 아파트는 그 대표적인 예로 꼽을 수 있다.

주변 환경의 영향력을 무시한 채 기능적인 편리성만을 추구하여 획일적으로 설계된 아파트는 현대인의 정서를 메마르게 하고 이기적으로 만드는 등 많은 부작용을 낳고 있다. 그렇다고 해서 현대사회의 보편화된 주거형태인 아파트를 무조건 무시하거나 배척할 수는 없는 노릇이다.

풍수적으로 좋은 아파트는 어떤 곳일까? 풍수적으로 좋지 못한 아파트일지라도 적절한 풍수적 처방을 통해 나쁜 기운을 몰아내고 좋은 기운을 불러들일 수는 없을까?

풍수에서 지혜를 빌려 건강한 기운을 가진 살기 좋은 아파트를 만들어보도록 하자.

이런 아파트는 풍수적으로 좋지 않다

전저후고前低後高를 무시한 아파트는 아래쪽에 나무를 심는다

전저후고란 대략 두 가지 의미로 볼 수 있다. 뒤쪽이 높고 앞쪽이 낮은 지형에 건물을 짓되 건물의 얼굴이 낮은 쪽을 향하도록 지어야 한다는 것과, 본 건물이 주변의 부속건물이나 인접도로보다 위치가 더 높아야 한다는 원칙이 그것이다.

그런데 요즘에는 지형의 생김새를 무시하고 채광을 좋게 하기 위해서 아파트의 정면이 산의 높은 곳을 바라보도록 짓기도 한다. 그러나 아파트를 유기적인 생명체로 본다면, 이렇게 전저후고를 무시한 아파트는 의자 등받이에 편안하게 등을 기대고 앉아 있는 것이 아니라 등받이 쪽으로 발을 두고 쪼그려 앉은 사람처럼 참으로 불편한 자세로 아파트가 앉혀진 것이라고 볼 수 있다. 따라서 전저후고를 무시한 채 설계된 아파트에 사는 거주자는 긴장 속에서 항상 바쁘게 생활하고 편안한 휴식을 취할 수 없게 된다. 또한 커다란 목표나 야망을 이루기 위해 욕심을 내기보다는 지금의 상황에 안주하며 하루하루를 보내는 사람이 많아지기도 한다. 전저후고를 무시한 아파트는 앞이 산으로 막히고 뒤는 부실하기 때문에 큰소리는 치지만 실속이 없고, 재물과 인생의 온갖 기회는 아래로 쏟아져버린다.

그러나 전저후고를 무시하고 지은 아파트일지라도 풍수의 지혜를 빌려 아래로 빠져나가는 기를 막고 그 기를 다시 상승시킬 수 있다. 지형이 낮은 쪽의 제일 밑쪽에 조경수를 심어 아파트의 뒤를 받쳐주면 흘러 내려가는 기를 막을 수 있다. 그리고 거기에 조명을 설치하여 위로 비추면 기를 상승시킬 수 있다. 다만 조경의 형태와 규모, 조명기구의 종류와 위치, 불을 비추는 각도는 상황에 따라

세심한 주의가 필요하다.

　전저후고를 무시하고 지어진 아파트의 거주자는 낮은 쪽으로 머리를 두고 잠을 자지 않는 것이 좋다.

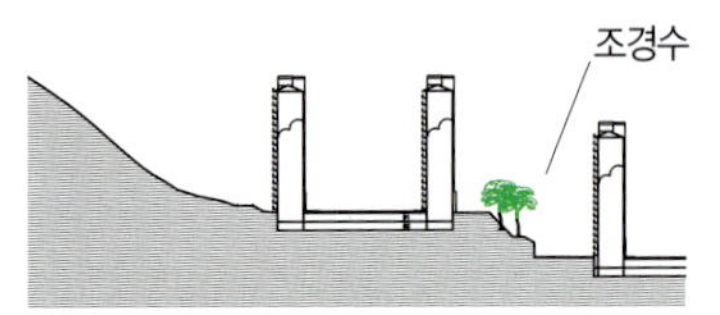

강가 바로 옆 아파트는 토土의 색상으로 실내를 꾸민다

일정한 거리를 두고 강과 땅을 같이 본다면 강의 에너지를 적절히 얻을 수 있지만, 바로 옆에서 흐르는 강물만 보게 되면 오히려 강의 기운에 압도당하게 된다. 오행의 수水는 사람의 지적 능력과 감성을 관장하지만, 수의 기운이 과도하면 오히려 이성異性을 지나치게 탐하는 부작용이 생긴다. 그렇기 때문에 수의 기운이 과도한 사람이 강가 바로 옆의 아파트에 살게 되면 여러 부작용이 생길 수 있다. 성격이 예민한 사람은 불면증이나 만성두통, 우울증에 걸릴 가능성이 많아진다.

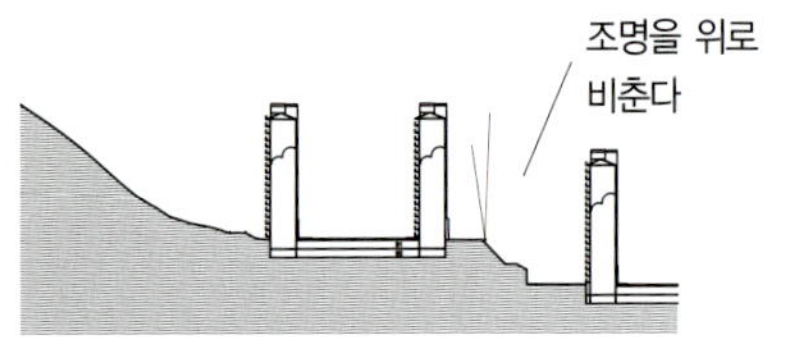

전저후고를 무시한 채 산의 높은 곳을 바라보고 지어진 아파트는 지형이 낮은 아래쪽에 나무를 심거나 조명을 위로 비춰주어 기를 상승시킨다.

　만약 강가 바로 옆 아파트에 살면서 이와 같은 문제들로 고통받고 있다면, 수의 기운을 약화시키는 토土의 색상인 베이지색·옅은 갈색·황토색 계열의 색상으로 실내를 꾸며 기의 균형을 조절해야 한다.

동과 동 사이가 조밀한 아파트는 거울을 이용한다

재개발에 따른 현실적 여건과 건설회사의 이익 때문에 아파트는 점점 고층화되고 동과 동 사이의 간격은 좁아지고 있다. 원활하게 기가 소통되기 위해서는 동과 동 사이에 적어도 아파트 높이만큼의 간격이 필요하지만, 요즈음의 신축 아파트에서 이런 배치를 찾기란 좀처럼 힘든 일이다.

　아파트 마당에서 사방을 둘러보았을 때 동 사이로 도로나 먼 하늘이 보이지 않으면, 그 아파트는 기가 막혀 있는 것이다. 그런 아

파트의 거주자는 인생을 적극적으로 개척하기보다는 현실에 안주
하게 된다. 비교적 평탄한 삶을 살 수는 있어도 갈 길이 보이지 않
으니 발전이 없게 된다.

이때에는 동이 포개져 길이 보이지 않는 적당한 지점에 큰 볼록
거울을 설치하여 도로를 볼 수 있게 해야 한다. 거주자가 사는 동
에서 멀리 떨어진 곳에 볼록거울이 설치되어 거울이 잘 보이지 않
는다 해도 상관없다. 이때 거울 옆에 반드시 가로등을 세워서 밤에
도 거울이 잘 보일 수 있도록 한다.

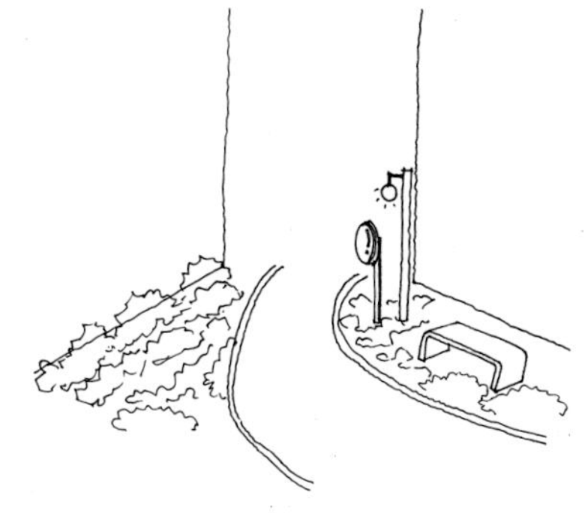

아파트 동이 포개져 길이 보이지 않는 곳에 커
다란 볼록거울을 설치하고 거울 옆에 가로등을
세우면 기의 흐름을 원활하게 할 수 있다.

조경수로 인해 채광과 통풍이 좋지 않은 아파트는 흰색 계통으로 집 안을 꾸민다

주거공간의 경우 채광과 통풍은 아주 중요한 문제이다. 그런데 아
파트 저층은 베란다 근처에 인접해 있는 키가 크고 잎이 무성한 조
경수로 인해 햇빛이 차단되고 습기가 많아져서 거주자의 기가 약
해진다. 특히 나뭇잎이 무성하고 날씨가 습한 여름철에 그 영향력
이 심해진다.

만약 목木의 기운과 상극관계에 있는 토土의 기운이 부족한 사람
이 아파트 저층에 살고 있다면, 인접해 있는 조경수로 인해 토의
기운이 더욱 약화되기 때문에 그 부작용은 더 심할 수 있다. 이때
에는 창문 가까이 있는 나무를 옮겨 심거나 가지치기를 한다. 만약
이것이 어려울 경우, 조명기구를 이용하여 실내를 밝게 한 다음 목
의 기운을 약화시키는 금金의 색상인 흰색 계통으로 도배를 하거나
실내를 꾸미면 조경수로 인한 좋지 않은 영향력을 줄일 수 있다.

동과 동이 불규칙하게 배치된 아파트 마당에는 구조물을 세운다

아파트 동과 동이 서로 엇갈리게 배치되는 경우가 있다. 단지내의

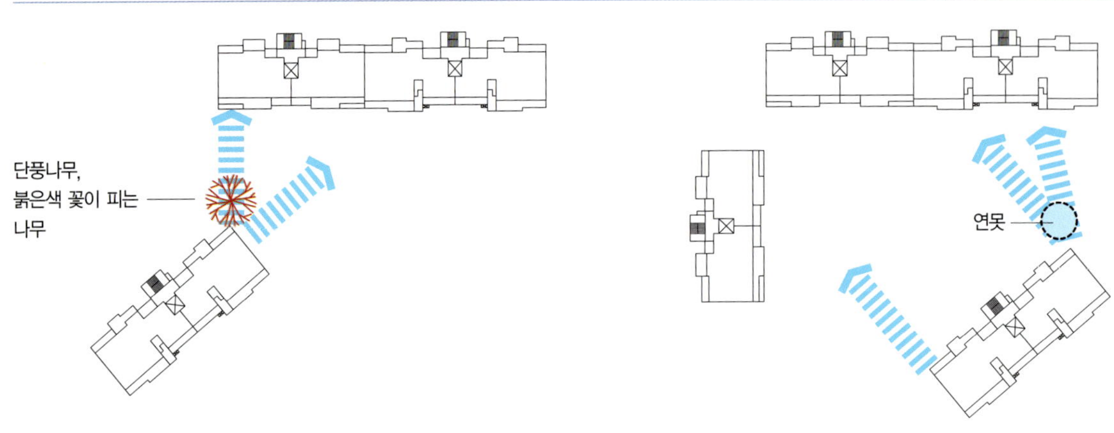

도로나 길이 보이는 일日, 월月 형태로 동을 배치하는 것은 아주 바람직하지만, 통로가 보인다 하더라도 동과 동이 서로 엇갈리게 배치된 경우에는 보다 복잡한 문제들이 발생한다. 같은 땅에서 서로 다른 곳을 보고 있으니 이웃 동 간에 다툼이 잦아지고, 단지 전체의 공동사업은 이견이 많아져서 지지부진해진다. 이때에는 마당에 모두가 주목할 수 있는 분수나 조형물이 있는 정원을 만들어 주민들의 시선을 끌 필요가 있다.

아파트의 동과 동 사이가 조밀하거나 엇각으로 배치되어 있어서 옆 동 건물의 모서리가 자신의 거실이나 방을 정면으로 주시하고 있다면 거주자는 무의식중에 불쾌감을 느끼거나 방해받는 기분이 들게 되어 활기찬 생활을 할 수 없게 된다. 이때에는 베란다에 유리구슬을 매달거나 화분을 놓거나 모서리의 공격을 받는 지점의 옥상에 풍향계를 설치하여 기의 화살을 막고 실내를 보호할 수 있다. 또는 옆 동 건물의 모서리가 지니고 있는 날카로운 금金의 기운을 막아주는 붉은색火 꽃이 피는 나무나 단풍나무를 아파트 마당에 심어서 적극적인 방어를 할 수도 있으며, 금의 기운을 약화시키는 작은 연못을 옆 동 건물의 모서리 앞에 만들어도 된다.

이웃 동의 모서리에서 발생하는 기의 화살의 공격을 막기 위해서 모서리 부근에 붉은 빛을 띠는 나무를 심거나 연못을 만든다.

1,3 GOOD
아파트 저층과 일정 거리를 띄우고 빽빽하지 않게 조경을 하였다.
2 BAD
아파트 저층에 너무 가깝게 조경수를 심었고 조경이 너무 빽빽이 되어 있다.

고층화로 인해 지기地氣가 부족한 아파트에는 다양한 풍수소품을 활용한다

일반적으로 나무가 최대로 자라는 높이가 17미터 정도인데 이것은 아파트 7층 높이에 해당하는 것이다. 따라서 아파트 7층 이상은 지기地氣가 잘 미치지 않아 토±의 기운이 약하다.

땅을 상징하는 토는 오행의 중심이 되는 기운으로 목木·화火·금金·수水를 순환시키는 바탕이 되기 때문에, 지기가 부족하다는 것은 다양한 자연의 기운이 모두 부족하다는 말로서, 이런 아파트의 거주자는 질병이 잦거나 정서가 불안정해질 가능성이 높다. 특히 유아나 임산부, 노인들에게 미치는 영향이 심하다.

또한 토의 기운이 부족하다는 것은 디딜 땅이 불안정하다는 의미로, 마치 나무가 뿌리를 제대로 내릴 수 없는 것처럼 거주자는 안정감이 없고 산만하며 성실하지 못한 기회주의자가 되기 쉽다. 현대의 도시인들이 이기적이고 포용력이 부족한 것은 땅의 기운을 제대로 받지 못하기 때문이다.

따라서 고층 아파트는 다양한 방법으로 자연의 기운을 보충해야 한다. 적당한 규모의 실내정원이나 수족관, 어항을 실내에 두는 것도 좋은 방법이다. 그 외에도 자신의 모자란 기운을 보완해줄 수 있는 특정 색상의 실내 마감재나 풍수소품들을 활용하여 다양한 기운이 자연스럽게 공존할 수 있는 환경을 조성하도록 해야 한다.

동 사이에 놀이터가 있는 경우 키 큰 외등을 세우나 나무를 심는다

고층 아파트 단지의 두 동 사이로는, 마치 높은 산봉우리 사이의 골짜기를 흐르는 바람처럼 거센 기가 지나가게 된다. 그런데 두 동 사이에 아이들 놀이터가 있다면, 놀이터가 기의 통로를 가로막아 두 동 사이를 흐르는 거센 기를 그대로 맞게 되는 꼴이 되므로 아이들의 목소리가 커지고 성격이 거칠어지며 싸움이 잦아질 것이

실내정원을 꾸며 아파트에 생기와 토土의 기운을 보충할 수 있다.

다. 이 경우에는 두 동 사이에 키가 큰 외등이나 나무를 심어 기의
속도를 늦추어야 한다.

≫≫≫ 아파트 구입시 풍수적 주의사항

아파트를 구입할 때 아래에서 언급한 아파트는 피하는 것이 좋다.
생활풍수의 관점에서 주변 상황을 보다 면밀하게 살펴 아파트를
구입한다면 자신과 가족들을 위한 복된 삶의 공간을 얻을 수 있을
것이다.

놀이터는 동 앞에 만든다.

- 전저후고前低後高를 무시한 아파트
- 굽은 도로를 마주 보는 아파트
- 직선 도로를 마주 보는 아파트
- 주변 지형이나 도로가 급한 경사를 이루는 곳
- 도로 바로 옆 아파트의 저층
- 나무가 인접하여 창문을 가리는 아파트 저층
- 주변 건물이나 옆 동의 날카로운 모서리가 근거리에서 똑바로
  주시하는 아파트
- 동 배치가 규칙적이지 않고 산만하여 기가 흩어지는 아파트
- 동 사이의 간격이 너무 좁아 햇빛이 잘 들지 않고 기가 막혀
  있는 아파트
- 공동묘지, 장의사, 병원의 영안실과 같이 죽음이 연상되는 곳
  이 창밖으로 보이는 아파트
- 소음과 악취가 심한 공장 주변의 아파트
- 더러운 물이 고인 호수 주변의 아파트
- 초목이 잘 자라지 않는 척박한 땅에 지은 아파트
- 산을 심하게 훼손하여 산사태의 위험이 있는 아파트

동과 동 사이 통로에 나무를 심어서 빠르게 흐
르는 기의 속도를 늦춘다.

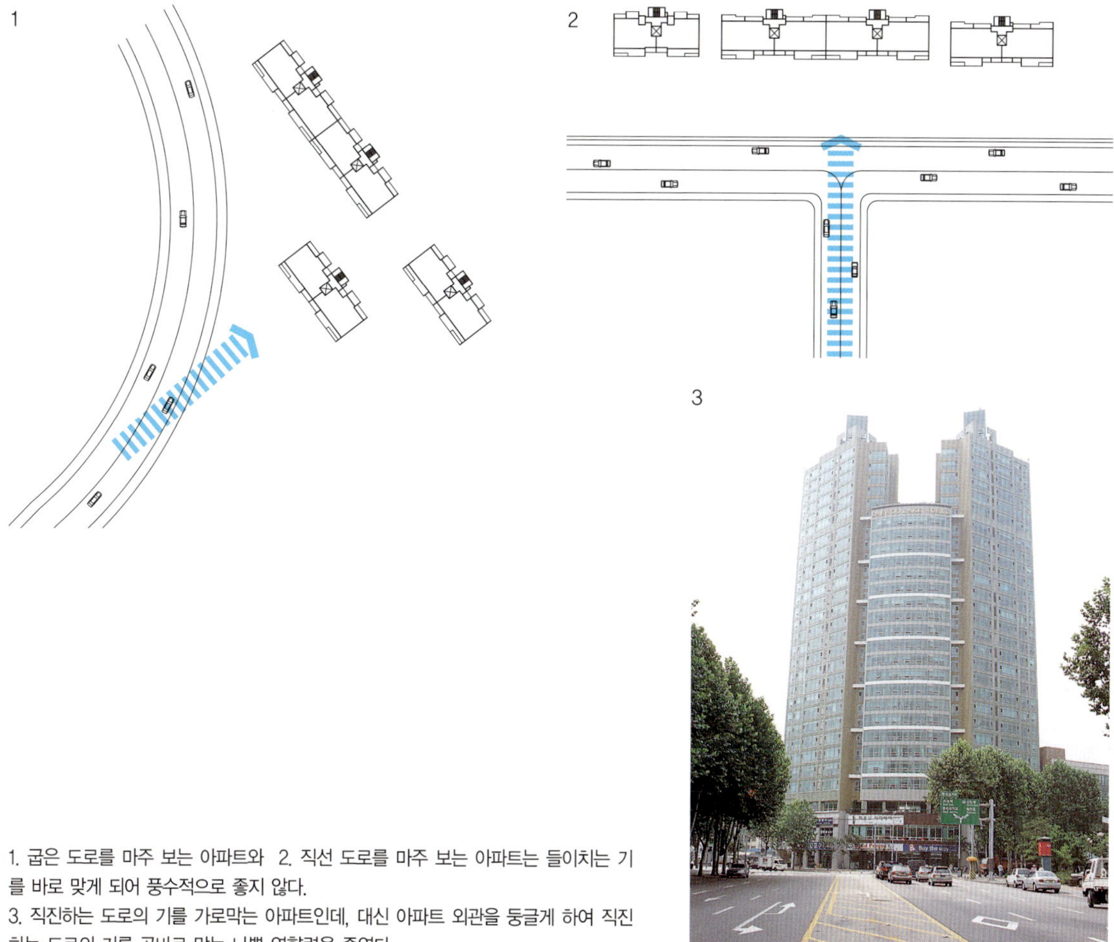

1. 굽은 도로를 마주 보는 아파트와 2. 직선 도로를 마주 보는 아파트는 들이치는 기를 바로 맞게 되어 풍수적으로 좋지 않다.
3. 직진하는 도로의 기를 가로막는 아파트인데, 대신 아파트 외관을 둥글게 하여 직진하는 도로의 기를 곧바로 맞는 나쁜 영향력을 줄였다.

설계자와 건축가에게도 중요한 생활풍수

아파트 설계와 건축에도 생활풍수의 도입이 필요하다

주변 환경과 조화를 이룬 아파트를 설계하고자 한다면 생활풍수의 지혜를 반드시 참고할 필요가 있다. 풍수적으로 좋은 아파트를 설계하기 위해서는 우선 아파트를 유기적인 생명체로 인식해야 하고, 그 생명체에 생기生氣를 불어넣기 위하여 기의 흐름을 우선적으로 살펴야 한다.

아파트 좌향坐向 결정에 필요한 풍수 지식

사람이 선천적인 기질과 후천적인 노력 등 다양한 요소가 복합되어 독특한 개성과 인격을 가지게 되듯이, 땅도 산세, 토질, 수종樹種, 강줄기 등 여러 가지 요인으로 인해 다양한 기운을 가지게 되며, 땅의 기운은 인근 지역 사람들에게 특별한 영향을 미친다. 예를 들어 숲이 우거진 곳에 사는 사람들은 인자하고 후덕하지만 다소 고지식한 목木의 특

성을 가지고 있다. 지금 우리 민족이 가지고 있는 기질과 정서는 곧 우리 땅의 모습이기도 한 것이다.

자연 환경과 땅의 기운이 사람에게도 영향을 미친다는 점을 생각할 때, 아파트나 주택 설계시 주변 환경의 특징을 파악한다는 것은 곧 그 지역의 기의 흐름을 파악하는 것이다. 이것은 아파트나 주택 설계에 우선적으로 반영되어야 하는 중요한 점이다. 그런데 요즈음에 세워지는 아파트 중에는 주변 환경과의 조화를 무시하고 아파트의 얼굴이 산의 높은 쪽을 향하도록 지어진 아파트나 또는 이웃건물과 방향이 어긋나더라도 무조건 동향이나 남향으로 지어진 아파트를 볼 수 있는데, 이것은 양호한 채광만을 위하여 주변 환경과의 조화를 무시한, 풍수적으로 좋지 않은 설계라고 볼 수 있다.

아파트의 좌향은 기가 순조롭게 유입되고 부드럽게 흐를 수 있게끔 결정되어야 한

다. 아파트가 도로와 강을 등지거나 도로와 강에 비스듬히 배치되어 있으면 기가 잘 유입되지 않고, 전체 지형상 높은 쪽을 향하여 아파트가 설계되면 기가 막히고 기가 순식간에 뒤쪽으로 빠져나간다.

기는 주변의 인공적 자연적 환경에 따라 움직이기 때문에 아파트의 좌향은 인접도로나 강의 흐름, 산의 얼굴이 향하고 있는 방향을 따져 바르게 결정해야 한다.

● 전저후고前低後高의 원칙을 지킨다. 설령 산의 얼굴이 북쪽으로 나 있어도 이 원칙을 따르고 앞뒤 창문의 크기나 위치를 조절하여 채광이 잘 되도록 한다. 산의 얼굴 방향과는 거꾸로인데도 억지로 남향·동향·남동향 아파트를 지으려 하지 말아야 한다.

● 산과 강이 멀리 있는 평지에서 왕복 6차로 이상의 도로가 경계가 되거나 넓은 공원을 낀 아파트 단지라면 남향·동향·남동향으로 좌향을 결정할 수도 있다. 이때 아파트 단지의 주 출입구는 주변과 어울리게 위치와 크기를 결정하고, 각 동의 배치·조경·단지 내 도로 등 여러 가지가 산만하지 않게 균형을 유지해야 한다. 만약 이런 시도가 잘못되면 주변과의 조화가 깨어지기 때문에 세심한 주의가 필요하다.

좌—복도식 아파트는 출입문이 나 있는 쪽이 뒷면이다.

향—복도식 아파트는 출입문이 있는 쪽이 정면이 아니라 창문이 많이 나 있는 쪽이 정면이다.

아파트 동 배치에 필요한 풍수 지식

산과 산이 이어지는 모습과 골짜기의 형태를 관찰하면 일정한 규칙을 발견할 수 있는데, 이런 산세의 흐름과 아파트 동 배치의 원리는 많은 공통점을 지니고 있다. 대규모 아파트 단지를 새로 조성하는 것은 또 다른 형태의 산을 만드는 것으로 볼 수 있기 때문이다.

산은 높이와 형태가 유사하고 흐르는 방

향도 일정하다. 산이 엇갈리게 마주쳐서 계곡을 막는 경우는 좀처럼 찾아보기 힘들다. 그리고 산의 얼굴 쪽에서 지세가 완만하게 낮아지고 출입이 편한 곳에서부터 등산로가 시작된다. 따라서 아파트 단지 배치 역시 엇갈리도록 하지 말고, 지세가 완만하게 낮은 쪽으로 아파트 얼굴이 항하도록 좌향을 잡아야 하며, 가장 출입이 편한 곳에 아파트 단지의 주 출입구가 시작되도록 해야 자연의 흐름과 가장 닮은 좋은 기운을 지닌 동배치가 될 수 있다.

● 아파트 단지는 규칙적인 날 일자日형, 달 월月자형, 한 일—자형, L자형으로 배치하도록 한다. 이런 배치가 되어야 기가 순조롭게 흐를 수 있다. 그러나 반면 이런 배치는 변화가 없어 단조로울 수 있기 때문에, 아파트의 높이를 조절하여 도로변이나 단지의 주 출입구 주변은 낮게 하고 아파트의 외부색깔에도 변화를 준다. 아파트 동 사이의 도로는 눈으로 볼 수 있어야 하고 동의 끝이 포개어지지 않아야 한다.

● 도로변에 있는 아파트라면, 도로와 나란하게 한 일—자형이나 L자형으로 단지를 배치한다.

● 도로가 사선이거나 완만한 타원형이라면 도

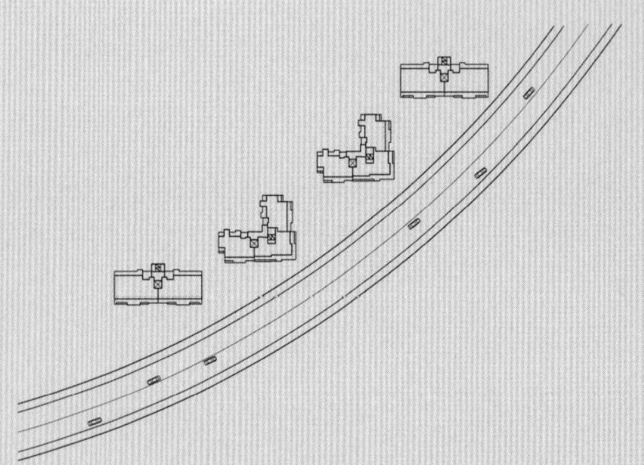

완만하게 곡선을 이루는 타원형 도로 가에 L자형으로 아파트 단지를 배치하면 아파트가 커다란 병풍과 같이 되어 좋은 기를 받아들일 수 없고 오히려 기의 유입이 차단된다.

로와 L자형으로 배치가 되도록 단지를 배치하는 것은 가급적 피해야 한다. 이렇게 단지를 배치하게 되면 아파트가 마치 큰 병풍을 펼친 형태가 되어서 거주자와 도로 통행인의 기를 압박하게 된다.

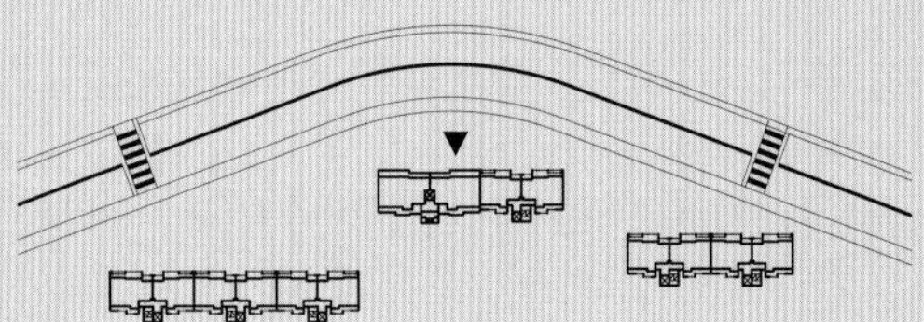

강줄기가 가장 완만하게 구부러지는 곳에서부터 단지 배치를 시작한다.

● 강가는 도로와 마찬가지로 기의 중요한 통로 역할을 한다. 따라서 강가에 있는 대규모 아파트 단지는 강줄기가 가장 완만한 각도로 땅을 감싸안는 곳에서부터 시작하도록 설계한다.

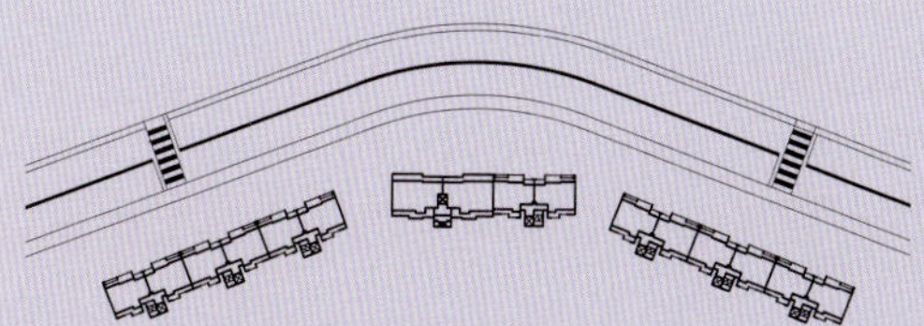

소규모 아파트는 강줄기를 따라 자연스럽게 단지를 배치한다.

- 강가에 있는 아파트인데 3개 동만 있는 소규모 아파트라면, 강줄기를 따라 아파트 단지를 배치한다.

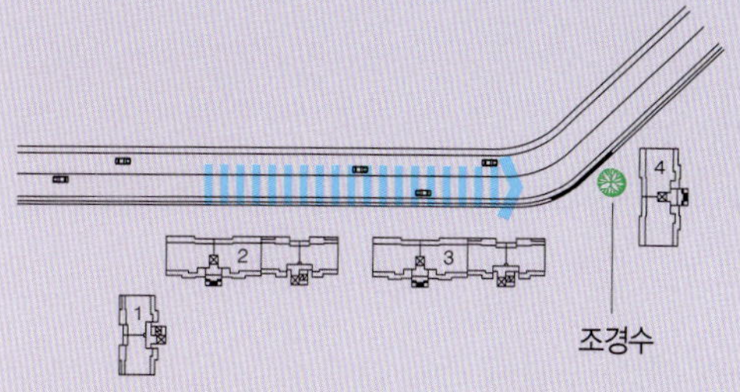

4번 동의 경우, 직진하는 거센 기운이 부딪히는 A지역에 나무를 심거나 방음벽을 설치한다.

- 직진하는 거센 기운이 부딪히는 동의 앞쪽에 나무를 심거나 방음벽을 설치한다.
- 직진도로를 마주 보게끔 동 배치를 하는 것은 피해야 한다. 만약 그런 위치에 단지의 주 진입로가 있다면 적당한 크기의 화단이나 분수를 설치하여 직진하는 기의 속도를 늦추도록 한다. 이때 화단이나 분수 옆에 조명기구를 같이 설치하는 것이 좋다.
- 같은 단지 내의 사선 배치는 절대 피한다. 인접한 동의 사선 배치는 전체 단지의 기를 혼란시킨다.
- 산과 산 사이의 골짜기는 기의 통로가 된다. 그 골짜기에 아파트를 짓는 것은 기의 통로를 막는 것이므로 피해야 한다.

아파트 설계에 필요한 그 밖의 일반적인 풍수지식

- 단지의 주 출입구는 아파트의 좌향, 주변도로의 폭·경사·진행방향 등의 여러 요인을 살펴서 주민들이 가장 편안하게 출입할 수 있는 곳에 만든다.
- 단지의 주 출입구를 경사진 도로 쪽으로 낼 수밖에 없다면 바위나 나무, 기타 구조물을 출입구의 아래쪽에 설치하여 경사지의 균형을 잡는다. 이때 조명을 함께 설치하면 효과가 크다.
- 아파트 앞쪽에 상가나 대형 마트가 위치하고 뒤쪽은 허전한 형태의 상가 아파트 입주

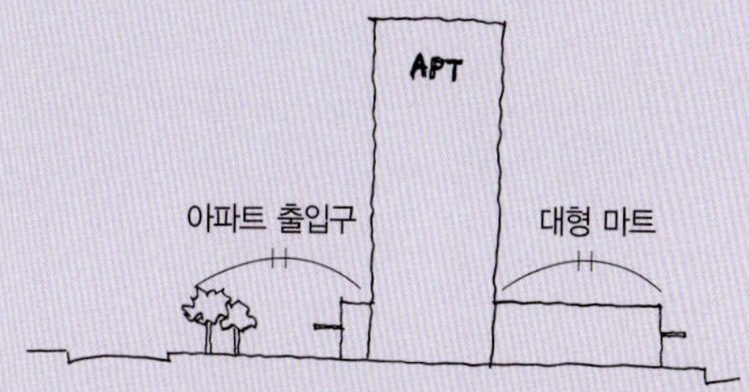

대형 마트가 있는 앞쪽에 비해 뒤쪽이 부실하므로 이 경우에는 대형 마트의 가로 길이와 비슷한 거리에 나무를 심거나 가로등을 세워 기의 균형을 잡는다.

자들은 뒤가 부실하기 때문에 겉은 번듯하
지만 허풍과 낭비가 심하고 실속이 없다. 이
아파트의 뒤에 앞의 돌출부와 비슷한 높이
로 나무를 심거나 가로등을 설치하여 결缺한
뒤를 채워야 한다.

- 아파트 단지가 도로보다 낮은 곳에 있다면,
도로의 탁한 기운이 단지 내로 유입되는 것
을 막기 위하여 단지와 도로의 경계에 나무
를 심고 언덕 아래에 조명을 설치한다. 그러
나 이때 조명기구를 낮게 설치하여 도로가나
아파트 쪽으로 눈부신 불빛이 새어 나가는
것을 막고 도로 반대편 단지 안쪽에는 키 큰
가로등을 세운다. 주 출입구에는 밝은 가로
등을 양쪽에 세워 도로의 탁한 기를 반사시
킨다.

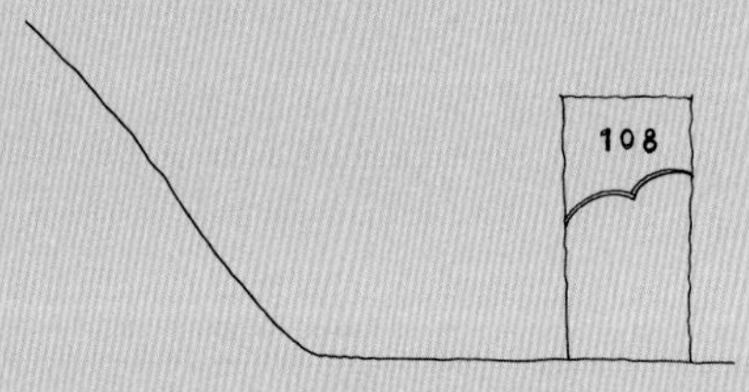

산과 대칭이 되게 아파트 벽면에 그림을 그려 기의 균형을 잡는다.

- 전저후고前低後高를 무시한 아파트의 경우,
아파트 벽면의 그림을 산과 대칭되게 하여
기의 균형을 잡는다.
- 아파트 뒤가 심하게 경사져 있다면 재물과

인생의 기회가 쓸려 내려가게 된다. 이 경
우에는 경사지 하단에 조명기구를 설치하
여 기를 상승시킨다.

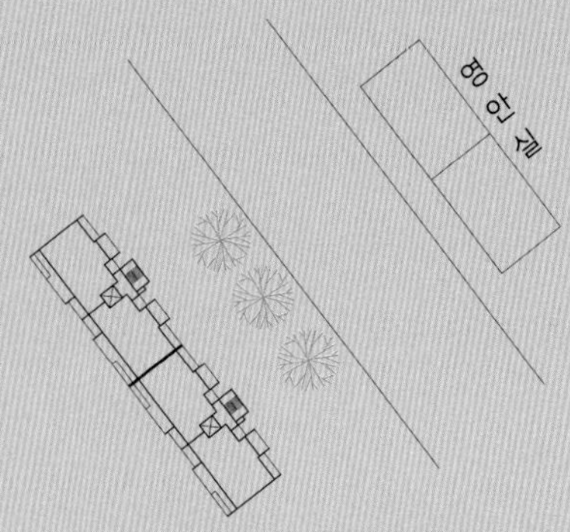

아파트 주변에 나무를 심어 좋지 않은 전망과 악한 기운을 막
는다.

- 아파트 주변에 소음이 심한 공장이나 고속
도로 또는 공동묘지 · 화장터 · 병원 영안
실 · 장의사 등이 있다면, 아파트 단지 주변
에 나무를 심거나 방음벽을 세워 좋지 않은
기를 차단한다.
- 기존 아파트의 외관을 탈피한 십자형, 타원
형, 복합형의 아파트는 외부의 결缺한 부분
을 조경이나 조명으로 채운다. 특히 십자의
탑상형 아파트는 전망은 좋지만 바람이 심
하게 부딪히기 때문에 식구들의 목소리가
커지게 된다.
- 아파트의 1층 베란다 난간은 간단한 구조물
을 설치하거나 조경을 꾸며서 외부 시선을

차단하고 사생활을 보호한다.

- 아파트 1층 바닥에 동판을 깔면 동 전체의 수맥이 차단된다.

- 아파트 외부와 단지 내 진입로의 색깔은 오행의 상생관계를 이용한다. 예를 들어 도로를 분홍색으로 했다면 분홍은 화火의 기운을 띠므로 아파트는 화와 상생인 토土의 색상을 사용하고, 도로가 회색이나 검은색이라면 수水의 기운을 지니므로 아파트는 수와 상생인 목木의 색상 중 옅은 초록색을 사용한다.

- 조경수는 잎이 지지 않는 나무를 주로 하고 형상이나 색깔이 혐오스러운 나무는 심지 않는다. 그리고 아파트 1층 창문과는 충분한 거리를 두고 조경수를 심는다.

- 다양한 색상의 꽃이 피는 나무와 분수, 외부 조명을 이용하면 아파트의 기를 상승시킬 수 있다.

- 주차장은 지하에 설치하고 출입구 벽면에 수평으로 벽등을 설치하여 꺼진 곳의 기를 채워준다.

계단의 끝이 출입구에 너무 가까이 닿아 있으면 계단을 따라 인생의 기회와 재물이 순식간에 빠져나가버리고, 거주자가 출입구에 들어섰을 때 불안감을 느끼기 쉽다.

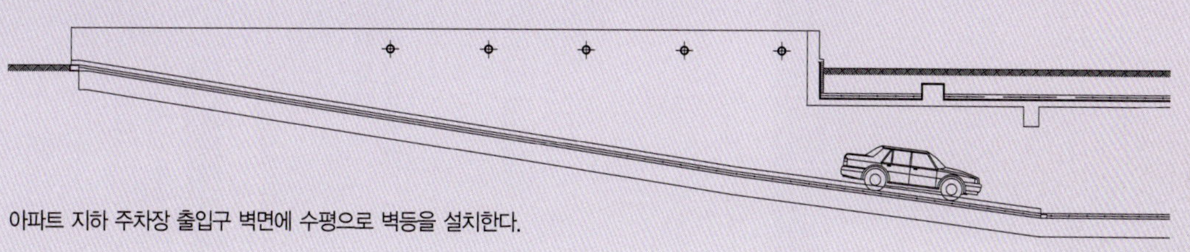

아파트 지하 주차장 출입구 벽면에 수평으로 벽등을 설치한다.

4. 상황별 풍수 처방 ─이럴 땐 풍수적으로 어떻게 하나요?

부부관계, 자녀 교육, 재물운,
심리 상태까지, 일상에서 늘
부딪히게 되는 문제들에 대한
풍수적 처방은 어떤 것일까?
풍수는 실체가 있고
논리가 있는 색色과
경험적이고 비논리적인 공空을
총동원하여 삶을 조화롭게 만드는
하나의 수단인데,
색과 공의 조화를 이끄는 방법이
합리적이어야 현대풍수의
바람직한 적용이라고 할 수 있다.
풍수를 인생의 모든 문제점을
단번에 해결할 수 있는
마법으로 여기는 것은
경계해야 한다.
이성적이고 합리적인 노력에 더불어
상황에 맞는 풍수 비법들을 적용해보자.
기가 움직이면 마음이 따라가고
마음이 움직이면 행동이 바뀌고
운명이 바뀐다.

1   # 풍수로 부부 사이를 더 가깝게

Q 결혼한 지 5년 된 주부입니다. 요즘 부부 사이가 예전 같지 않아요. 부부 관계를 도와주는 비법이 풍수에는 있다고 해서 책도 사 보고 이것저것 다 해봤는데 영 효과가 없어요. 도와주세요.

A **불필요한 가구는 버리고 안방을 넓고 쾌적하게** 부부간에 문제가 생겼다고 하면 서로를 이해하도록 좀더 노력하라든지 배우자와 허심탄회하게 대화를 나누어보라든지 하는 이성적인 관점에서 충고를 주게 됩니다. 그러나 이성적으로 원인을 따져 서로간의 잘잘못을 따진 후 문제의 해결책을 찾는 과정은 상당한 고통과 노력 그리고 시간을 필요로 합니다. 저는 이성적인 관점과는 다른, 아니 이성적인 관점을 뛰어넘는 풍수적인 관점의 답을 드리도록 하겠습니다.

풍수를 비과학적인 미신이라고 오해하고 무시하는 사람들도 있으나, 그래도 풍수가 오늘날까지 건재한 이유는 많은 사람들이 풍수를 통하여 행복을 얻을 수 있다고 믿기 때문이며 풍수적 처방을 통해 실제적인 효과를 보았기 때문입니다. 풍수는 그 일이 만들어진 주변 환경에서 문제의 원인을 찾을 수 있다고 봅니다. 그렇기 때문에 주변 환경을 변화시킨다면 이성적 관점에서 기울여야 할 고통이나 시간의 소비 없이 자연스럽게 문제를 해결할 수 있습니다.

예전에, 중학교에서 아이들을 가르치는 여 선생님이 남편이 바람을 피우는데 풍수적 처방으로 해결하고 싶다고 도움을 청한 적이 있었습니다. 그동안 할 수 있는 일은 다 해봤지만 아무런 효과가 없었고 마지막으로 풍수를 통해 답을 얻고 싶다는 것이었습니다.

그래서 그 여 선생님의 집을 방문해보니, 안방에는 큰 침대와 오래된 장롱·화장대·피아노가 가득 차 있고, 그나마 피아노가 화장실 문의 반 정도를 가리고 있어 출입이 힘든 상태였습니다. 한마디로 사람보다 가구가 사는 방이었습니다. 게다가 어두운 전등은 방의 분위기를 더욱 답답하게 만들었습니다. 그러니 아마도 남편은 자질구레한 가구들이 꽉 찬 어둡고 답답한 안방에서 편안한 휴식을 취할 수 없었을 테고, 이런 답답한 분위기가 항상 불편하고 짜증스럽게 무의식에 남아서 집에 들어오고 싶지 않았을 것입니다.

예나 지금이나 남자가 밖에 있는 시간이 길어지면 엉뚱한 일이 생길 가능성이 많아집니다. 물론 남편이 외도를 하게 된 데에는 좀 더 복잡하고 다양한 일들이 뒤섞여 복합적으로 작용하고 있겠지만, 이런 환경은 무엇보다 우선적으로 부부생활에 문제를 일으킬 원인이 될 수가 있습니다.

그래서 낡은 장롱을 버리고 침대를 풍수적으로 바르게 배치한 다음 방의 조명을 밝게 하라는 처방을 내렸습니다. 남편이 바깥일로 힘들고 지칠 때 편안한 안방이 먼저 생각나게 되면 남편의 귀가는 자연히 빨라지고 외도와 같은 문제가 생길 가능성이 줄어들게 됩니다.

　주부님께서도 이와 같이 집안 환경과 인테리어를 풍수적으로 바꾸어서 집 안에 새로운 기운을 불어넣기 바랍니다. 그 여 선생님은 풍수적 처방을 받은 약 보름 뒤에 거짓말같이 문제가 해결되었다고 전화를 해왔습니다.

- 기의 흐름에 맞는 가구배치를 하도록 하세요. 2장 가구 배치 편을 참고하세요.
- 도배지 · 바닥재 · 커튼 등 마감재의 색깔을 배우자의 오행에 맞춰보세요. 2장 색상 선택 편을 참고하세요.
- 곤괘의 방위는 애정과 결혼을 상징합니다. 안방의 중심에서 팔괘를 적용하여 곤방위인 남서쪽의 적당한 위치에 빨간 장미나 핑크빛 소품(예를 들어, 핑크빛으로 채색된 그림 · 핑크빛 리본 · 핑크빛 속옷 등. 단, 속옷은 보이지 않게 숨긴다)을 놓아보세요. 이때 스탠드를 설치하여 소품에 불빛을 비추면 곤방의 기운이 더욱 강화되므로 자연스레 부부간의 애정이 살아날 것입니다.

예쁘게 살고 싶은 신혼부부입니다

Q 4월에 결혼하는 예비신부입니다. 저는 풍수 인테리어에 관심이 아주 많아요. 집을 어떻게 꾸미느냐에 따라 복이 들어오고 나간다는 말이 생각나서 이렇게 글을 올립니다. 저희가 살 집은 조금 작은 일반주택입니다. 현관에 들어서면 바로 주방 겸 거실이고, 싱크대 옆에는 밖으로 통하는 출입문이 현관과 일직선으로 위치하고 있습니다. 어떤 풍수책에서 보았는데 현관과 일직선 상에 있는 문을 통해 기가 급격하게 빠져나갈 수도 있다고 해서 그 문에는 종을 달아볼까 합니다.

그리고 저희 궁합을 보신 분이 저와 남편 될 사람의 사주에 흙이 너무 많아서 늘 물 옆에서 사는 것이 좋겠다고 하더군요. 집 근처에 개천이 있기는 하지만 저희 집과는 큰 연관이 없을 것 같습니다. 그래서 실내에 수족관이나 미니분수대를 설치할까 하는데, 어떨까요? 잘 살고 싶은 마음에 이런저런 얘기들을 적어보았습니다. 좋은 답변 부탁드립니다.

A 오늘은 신혼부부들을 위해서 몇 가지 말씀드리겠습니다. 부부의 팔자를 분석하여 배우자간의 오행 분포를 비교해보면 서로가 다른 기운을 가지고 있어서 상대의 모자란 기운을 보완해주는 경우보다는 서로가 비슷한 기운을 가지고 있는 경우가 더 많습니다. 사람들이 자신과 기질이나 취향이 비슷한 이성에게 더 호감을 느끼는 것도 오행 분석을 통해서 이해할 수 있는 것입니다. 이렇게 부부간의 오행 분포가 비슷한 경우에는, 서로 마음이 맞을 때는 한없이 좋지만 싸울 때는 양보하지 않고 상처를 주기도 합니다. 그러나 부부간의 만남은 궁합보다는 사람이 알 수 없는 인연에 의해서 맺어집니다. 그렇기 때문에 궁합이 나쁘다고 하여도 그 인연을 소중하게 여겨야 합니다.

실내 색상 선택 신혼집에 도배나 장판, 커튼을 새로 하려 한다면, 부부의 오행 분포를 보고 서로에게 모자란 기운의 색상을 선택하도록 하세요. 두 분에게 토土의 기운이 과하다고 하여도 일단은 전체적인 오행 분포를 보시기 바랍니다.

풍수소품의 활용 궁합을 봐주신 분의 말씀처럼, 토와 수水의 상극 관계를 이용하여 과한 토의 기운을 억누르기 위해 집 안에 분수를 두는 것은 자칫 일리 있어 보이지만, 그러나 풍수적 처방의 원칙은 과한 기운을 억누르기보다는 모자란 기운을 채우는 것이 상책입니다. 그리고 수와 토의 상극관계에서 수가 토를 억누르는 힘보다는 오히려 토가 수를 억누르는 힘이 더 강하게 됩니다. 물론 집 안에 오행을 상징하는 적당한 소품으로 인테리어를 하는 것은 별 문제가 없지만, 만약 두 분이 수의 기운 역시 강하다면 분수를 설치하여서 수의 기운을 더하는 인테리어를 하는 것은 오히려 부작용을 초래할 수 있습니다. 수의 기운이 과한 사람은 조그만 분수의 물 흐르는 소리에도 신경이 날카로워지고 더 심한 경우에는 불면증이 생기기도 합니다.

일자형 구조여서 출입문과 주방문이 나란히 마주 본다면 주방쪽 문에 종을 매달아서 출입문을 통해 들어온 기가 주방문으로 바로 빠져나가는 것을 막을 수 있습니다.

가구 선택과 배치 작은 평수에서 시작하는 신혼부부는 절대로 집 안에 큰 가구를 두지 마십시오. 좁은 실내에 가구가 너무 많으면 기가 정체되어 짜증이 많아지고 부부 싸움이 잦아집니다. 특히 좁은 안방에는 큰 장롱이나 큰 침대를 두지 않는 것이 좋습니다. 그렇다고 해서 가구가 너무 없으면 집 안에 좋은 기가 머물지 못하니, 평수에 적당한 가구를 선택하시기 바랍니다.

그리고 방문과 창문을 통해 기가 들어오고 나가기 때문에, 기의 소통을 원활하게 하기 위해서 창문이나 방문 주변에는 잡다한 가구를 두지 마십시오.

동화책에는 왕자와 공주가 결혼을 하면서 이야기가 끝이 나지만 우리의 인생은 결혼을 하면서 새롭게 시작됩니다. 부디 서로 아끼고 사랑하시기 바랍니다. 행복하세요.

2 | 풍수로 우리 아이 똑똑하고 씩씩하게

우리 아이가 이상해요

Q 초등학교 1학년 딸을 둔 39세 남자입니다. 현재 사는 곳은 20층 아파트의 17층이고, 평수는 33평입니다. 아이가 엘리베이터를 혼자 타고 다니는 것에 대하여 다소 불안해하고, 평소에 정리정돈을 잘 못합니다. 아이가 이런 것도 풍수와 관계가 있는 것인가요?

A 나무가 최대로 자라는 높이는 대략 17미터로, 아파트 높이로는 7층 정도입니다. 그 이상의 높이에서는 땅의 기운이 약해지기 때문에 질병이 생기거나 심적으로 나약해질 가능성이 많아집니다. 땅을 상징하는 토土는 오행의 중심이 되는 기운으로, 목木, 화火, 금金, 수水를 순환시키는 바탕이 됩니다. 고층 아파트는 당연히 지기地氣가 부족할 수밖에 없습니다. 토의 기운이 부족하다는 것은 디딜 땅이 불안전하거나 없다는 의미로, 거주자는 중심이 없고 산만하며 포용력이 부족하게 됩니다. 특히 임산부나 유아는 집에 있는 시간이 많기 때문에 그 영향력이 심할 수 있습니다.

자녀분이 불안해한다는 것은 뭔가 기의 균형이 맞지 않는다는 말입니다. 이때에는 다양한 소품이나 그림을 이용하여 자녀분의 부족한 기운을 채워주십시오. 흙과 작은 조경석, 그리고 작은 식물들을 이용하여 실내에 작은 정원을 만들거나 화분을 둔다면 부족한 자연의 기운을 보충할 수 있습니다. 또는 물고기가 있는 어항을 두어 수의 기운을 보충하는 것도 좋습니다.

고층 아파트는 실내의 색상을 풍수적 원칙에 따라 선택하여 부족한 땅의 기운을 보충할 수도 있습니다. 거실에는 황토색이나 옅은 갈색의 바닥재를 깔고, 옅은 아이보리 계통의 벽지로 도배를 하여 우선적으로 토의 기운을 보충하기 바랍니다. 그 다음 아이방의 가구를 기의 흐름에 맞게 적절히 배치하고 아이의 오행 분석을 통해 아이에게 맞는 풍수소품을 다양하게 활용한다면 아이의 정서는 안정될 것입니다.

풍수에서는 창문은 아이를, 방문은 부모를 상징합니다. 아이가 유별나게 부모 말을 잘 듣지 않는다면, 짧은 기간 동안 아이방 방문에 소리가 좋은 종을 달면 됩니다. 그러면 방문을 열 때마다 들리는 종소리가 부모의 목소리가 되어 아이를 순종하게 만들 것입니다. 하지만 이것은 단기적인 비법으로, 한 달 이상 장기간 종을 매달아 놓으면 아이에게 수동적이고 반항하는 심리가 생길 수도 있으니 유의하시기 바랍니다.

시험을 준비하는 수험생입니다

Q 우리 아이가 시험을 준비하고 있는데, 이번에 고시원에 들어갔습니다. 고시원 구조는, 창문은 동쪽으로 나 있고 문은 서쪽으로 나 있어요. 가구는 책상과 옷장이 전부고요. 가구 배치를 어떻게 해야 아

이가 좀더 집중하여 공부를 할 수 있을지 알고 싶습니다. 그 밖에 방에 더 두어야 할 것이 있다면 그것도 말씀해주세요.

A 방을 직접 보지 않았기 때문에 다소 모호한 부분이 있지만, 일단 동쪽에 창문이 있다면 수험생 방으로는 적당합니다. 동쪽은 오행의 목木의 기운을 가지고 있으며, 일의 새로운 시작을 의미하기 때문입니다.

창문과 방문 주변을 깨끗이 기는 바람을 타고 방문으로 유입되고, 창문을 통해서 외부로 유출·순환됩니다. 우선 방으로 좋은 기운을 받아들이기 위해서는 먼저 방문과 창문 주변을 청결히 관리하도록 하십시오. 방문과 창문 부근이 지저분하거나 잡다한 가구나 장식물로 가려져 있다면, 시험에 합격할 수 있는 좋은 기운과 두뇌를 맑게 해주는 기운이 원활하게 유입되지 못합니다.

가구 배치는 이렇게 그 다음으로 방의 생김새에 맞추어 적절하게 가구를 배치하는 것이 중요합니다. 방의 가로 세로의 길이, 천장의 높이, 방문과 창문의 위치와 크기는 기의 흐름에 직접 영향을 미치는 중요한 요소들로서, 이런 요소들이 특정방위의 절대적 작용력보다도 그 방에 대한 영향력이 더 크다고 할 수 있습니다. 다시 말해서 무조건 책상은 동쪽을 향해서, 옷장은 서쪽을 향해서라는 식의 특정방위만을 따지는 가구 배치는 피해야 한다는 것입니다.

따라서 다소 모호한 대답일 수도 있지만, 현실적 상황에 맞게 가구 배치를 하시면 됩니다. 방에 있는 책상을 어느 특정 방향으로 옮기는 시도는 오히려 복잡하고 산만한 배치를 만들 수도 있습니다. 풍수는 주변의 형상에 맞는 조화로운 선을 창조하는 것임을 우선적으로 명심하시기 바랍니다.

풍수소품 활용하기 풍수의 주술적인 힘을 빈다면, 방의 북동쪽에 적당한 크기의 키를 파란색 리본에 묶어 걸어두면 됩니다. 다만 키를 걸 때 이 키가 잡념을 몰아내고 정신을 집중시킬 수 있다는 설명을 자녀분에게 꼭 해주시기 바랍니다. 자녀분 마음속에 심겨진 그 말이 내적인 자기암시가 되어 풍수의 주술적인 힘이 더 강력하게 효과를 발휘하게 될 것입니다.

너무 고민하지 마십시오. 세상만사는 다 조화롭게 움직이게 되어 있습니다. 자녀분이 이처럼 부모님의 사랑을 받고 있다면 반드시 좋은 결과가 있을 것입니다.

공부방의 가구 배치에 대하여

Q 저는 미국에서 공부를 하고 있는 학생입니다. 얼마 전에 학교 아파트로 이사를 왔는데, 생각보다는 공간이 좁더라고요. 가구를 다시 배치하고 싶은데, 어떻게 배치해야 학업에도 좋은 영향을 미칠 수 있을까요? 동쪽에 방문이 있고 방문 맞은편에 창문이 있습니다. 그리고 방문과 창문이 있는 쪽이 좁은, 직사각형 방입니다. 가구는 기본적으로 침대 · 책상 · 서랍장이 있습니다.

A 좁은 방의 가구 배치는 정답을 찾기가 어렵습니다. 주의해야 할 것은, 방의 생김새를 무시하고 단순하게 방위에 따라 가구를 배치하다 보면 오히려 불편하고 산만한 배치가 된다는 점입니다. 방의 가로 세로 길이, 방문과 창문의 위치와 크기는 기의

흐름에 직접 영향을 미치는 중요한 요소들로 그 방에서는 방위의 절대적인 작용력보다 더 영향력이 크다고 할 수 있습니다.

질문대로라면 북쪽과 남쪽이 동서쪽보다 긴 직사각형 형태의 방인 듯한데, 그것만으로는 방의 방위와 가로 세로의 길이에 따른 방의 모양을 정확히 알 수 없기 때문에 간단한 답을 드릴 수밖에 없겠습니다. 가구 배치를 할 때 아래의 방법을 참고하십시오.

북쪽으로 머리를 두고 자면 안 된다? 학업에 도움이 되는 가구 배치를 원하신다면, 침대는 창문 쪽 벽과 적어도 30센티미터 이상 되도록 약간의 거리를 두고 침대머리가 북쪽을 향하게끔 배치하십시오. 그 다음 북쪽 벽에 책상, 서랍장을 순서대로 두도록 하세요.

우리나라 사람들은 북쪽으로 머리를 두는 것을 꺼리는 경향이 있는데, 이것은 전적으로 잘못된 풍수 지식입니다. 북쪽으로 침대머리나 책상을 배치하면 북쪽 방위가 지닌 지혜와 지적인 능력을 얻을 수 있습니다. 그리고 신장의 기능이 강화되고 숙면을 취하는 데에도 도움이 됩니다.

벽과 침대 사이에 여유 공간을 두는 이유는 벽과 침대가 만나는 지점에 정체되는 탁한 기운을 피하기 위해서입니다. 침대는 창문과 바짝 붙여서도 안 됩니다. 침대를 창문과 바짝 붙인다면 거주자가 기의 유입과 유출에 직접적인 영향을 받게 되어 숙면을 취하기가 어려워 학업에 지장이 생기게 될 것입니다.

옆방을 둘러보라 주변의 형상과 어울리는 선의 효과를 얻으려는 풍수의 도를 염두에 둔다면 아주 현실적인 방법을 통해 본인에게 가장 좋은 가구 배치를 찾을 수도 있습니다. 지금 기숙사에 있다고 하셨으니 근처 친구들 방의 가구 배치를 한번 둘러보시기 바랍니

다. 그리고 그 중에서 본인이 가장 편안하게 느껴지는 것이 있다면
그 배치대로 가구를 배치하면 됩니다.

　　운동으로 몸과 마음을 건강하게　하루에 땀 흘리는 운동을 30분 이상
꼭 하세요. 무엇보다도 우선 몸이 건강해야 학습능률도 오릅니다.
풍수적 처방과는 무관한 듯하지만, 땀 흘리는 운동을 규칙적으로
하면 몸이 건강해지고 정신이 맑아집니다.

　　열심히 공부하시고 항상 건강하시길 바랍니다.

아이가 산만하고 집중력이 부족해요

Q 우리 아이는 초등학교 2학년입니다. 아이가 산만하고 집중력이
부족한 것 같아요. 그래서 따로 공부방을 만들고, 책상도 새로
들이려고 합니다. 도배지의 색깔로도 정서를 안정시킬 수 있다는 말을 들
었는데, 우리 아이방 도배지 색깔은 어떤 것으로 하면 좋을까요?

A 자녀분의 오행 분석을 먼저　풍수는 사람과 주변 환경이 서로
원만하게 조화를 이루도록 하기 위하여 사물의 형태·위
치·색상을 관찰하고 더불어 기·오행 등의 술법적인 수단도 사용
합니다. 특히 오행은 사물의 속성과 개인의 성격을 파악할 수 있는
중요한 수단으로, 그 효용가치가 매우 높습니다.
　　팔자의 여덟 글자는 각각 오행의 기운을 가지고 있지만, 팔자와
오행의 개수는 8과 5로 서로 짝이 맞지 않기에, 개인의 생년·월·
일·시에 따라 과하고 부족한 기운이 나타납니다. 이로 인해 사람
은 특별한 성격을 지니게 됩니다.

공부방의 색상은 팔괘에서 지식을 뜻하는 초록색과 파란색을 사용하기도 하지만, 만약 목木의 기운이 과한 아이라면 초록색과 파란색의 색상이 그 기운을 더 과하게 만들어 오히려 역효과가 생길 가능성이 많습니다. 그렇기 때문에 먼저 자녀분의 오행 분포를 파악하여 부족한 기운이 무엇인지 알아야 합니다. 그리고 그 기운을 보충해줄 수 있는 색상으로 아이방을 꾸며 아이의 정서를 안정시켜야 합니다. 저희 사이트에 들어오셔서 구체적인 오행 분석을 받아보세요.

그런 다음에, 아이방에 키를 걸어 두면 됩니다. 키는 곡식에 섞인 이물질을 골라내듯이 머릿속 잡념을 없애주는 특별한 풍수소품입니다.

◐ 아이 공부방을 꾸미는 풍수 포인트

1. www.fengshui.co.kr에서 오행 분석을 받는다.

2. 부족한 기운을 보충해줄 수 있는 색상을 도배지나 바닥재 색상으로 선택한다.

3. 풍수소품을 사용하여 필요한 기운을 강화시킨다.

풍수로 불러들이는 재물운

우리 집의 재물운이 새고 있어요

Q 풍수에 관심이 많은 주부입니다. 어느 책에 보니까 아파트의 부엌은 그 집안의 부를 상징하고, 부엌과 화장실이 서로 마주보면 재물이 화장실의 배수구를 통해 빠져나간다고 하던데, 우리 집이 딱 그렇게 생겼습니다. 그래서 그런지 이 집으로 이사 오고 나서부터는 지출이 많아지고 돈을 모을 수가 없는 것 같아요. 무슨 방법이 없을까요?

A 눈에 보이고 실체를 증명할 수 있는 것을 색色이라 하고, 보이지 않고 논리적으로는 입증할 수 없는 것을 공空이라 합니다. 색과 공의 양자는 구분이 애매하고 그 본질 또한 끊임없이 순환하기 때문에 서로를 동일시하여 색즉시공 공즉시색 色卽是空 空卽是色이라고도 합니다. 풍수에서 중요시하는 사주 · 조상의 음덕 · 환경에 대한 술법적 해석과, 인간이 연구해온 체계적인 학문과 이성적인 노력은 마치 색과 공의 관계와도 같습니다.

따라서 풍수적 처방을 내릴 때에도 문제의 원인에 대한 이성적인 해결책과 주술적인 해결책이 함께 이루어져야 합니다. 주부님의 현실에 영향을 줄 수 있는 원인들을 현실적으로도 냉정하게 분석할 필요가 있습니다. 이 점을 명심하시고 아래의 주술적인 처방을 함께 해보시기 바랍니다.

풍수에서는 물을 재물로 여기는데, 물은 주방이나 목욕탕의 배수구를 통하여 빠져나갑니다. 특히 20평 정도의 복도형 아파트는 대부분 팔괘 상 재물자리인 손방남동쪽에 베란다의 하수구가 있다는 문제가 있습니다.

이 문제에 답을 드리기 위해 많은 자료를 찾아봤는데, 서양풍수 이론 중에서 흥미로운 내용을 발견했습니다. 싱크대 배수 호스나 베란다 배수 파이프에 붉은 테이프나 리본을 묶어두면 배수구로 재물이 빠져나가는 것을 막을 수 있다고 합니다. 그 이유에 대해서는 명쾌한 답을 드릴 수 없지만, 아마 수水와 상극관계인 화火의 색상을 이용한 듯합니다. 만약 오행의 상극관계를 이용해서 배수구로 빠져나가는 수의 기운을 붙잡아 재물운을 강화하고 싶다면, 토±의 색깔인 노란색이 적절한 듯 보이기도 합니다. 왜냐하면 흙을 쌓아서 물의 흐름을 막을 수 있기 때문입니다. 아무튼 서양풍수의 이런 처방은 풍수에 아기자기한 재미를 붙이는 그들의 색다른 시도 같기도 합니다.

한국풍수의 관점에서 처방을 드린다면, 팔괘의 손방위인 남동쪽에 어항이나 싱싱한 녹색 식물을 두고 주변을 항상 청결하게 관리하도록 하십시오. 만약 손방 자리에 온갖 잡동사니가 쌓여 있다면 지금 당장 깨끗하게 청소를 하고, 혹 비가 올 때마다 물이 샌다면 신속하게 보수를 해야 합니다.

특히 이 집처럼 주방과 화장실이 서로 마주보고 있는 구조라면 화장실의 탁한 기운이 주방으로 침범하지 않도록 화장실을 청결히

관리하고 화장실 앞 천장에 조그만 종을 달면 재물운이 화장실 배
수구로 빠져나가는 것을 막을 수 있습니다.

복권에 당첨되고 싶어요

Q 돈을 잘 벌 수 있는 풍수 비법에 대해 알고 싶습니다. 복권에 당
첨되는 풍수 비법은 없나요? 좀 유치한 질문이긴 하지만, 답변
부탁드립니다.

A 재미있는 질문인데 어떻게 답변을 드려야할지 난감하군요.
결론부터 말씀드리자면 복권에 당첨되는 풍수 비법은 없습
니다.

가끔씩은 풍수가 자연스러운 인간 관계나 사물의 형상을 이기적
인 목적을 위해 변형하거나 훼손하는 수단으로 사용될 때가 있습
니다. 그러나 소망하는 일들이 모두 성취되면 행복할까요? 질문하
신 분에게는 다소 엉뚱하게 들릴지 모르겠지만, 조금 모자라는 삶
이 인간을 더 행복하게 한다고 말씀드리고 싶습니다. 특히 재물은
자기가 간직할 수 있는 한계를 넘으면 오히려 화가 됩니다.

굳이 재물을 모을 수 있는 풍수의 비법을 찾는다면, 우선 사무실
이나 주택에서 재물을 상징하는 지점인 손괘의 자리를 살펴보시기
바랍니다. 집의 중심에서 동남쪽이 재물을 상징하는 손괘입니다.
그곳에 지저분한 잡동사니가 잔뜩 쌓여 있거나 비가 올 때마다 물
이 샌다면, 경제적 곤란을 겪을 수도 있습니다. 그 자리를 깨끗이
청소한 다음, 거기에 기포가 솟아오르는 어항이나 싱싱한 녹색 식
물의 화분을 두면 됩니다. 건물을 신축하는 경우라면, 그 지점을
건물 한 면 길이의 삼분의 일이 넘지 않게 돌출되도록 하여 재물운

을 강화시키면 됩니다.

그러나 가장 중요한 것은 자신을 먼저 살핀 다음 이성적이고 합리적인 노력을 하고 그 다음에 다양한 풍수의 비법들을 적용하는 것이라는 점을 다시 한번 강조하고 싶습니다.

풍수적으로 볼 때 단독주택보다 아파트가 돈을 모으기에는 더 안 좋은가요?

Q 이번에 단독주택에서 아파트로 이사를 갑니다. 그런데 아파트는 일반주택보다 편리한 이점은 있지만 돈을 모으기에는 좋지 않고 재물이 빠져나가는 구조라는 말을 들은 적이 있습니다. 그때는 그냥 흘려들었는데 막상 아파트로 이사를 하자니 걱정이 됩니다. 지금까지 한 번도 아파트에 살아본 적도 없고 또 건조하고 딱딱한 아파트 생활에 대해 불안감이 들기도 합니다.

A 현재 우리나라 1,430만 가구 중 약 37퍼센트인 520여만 가구가 아파트에서 살고 있으니, 국민의 절반 가량이 아파트에서 살고 있는 셈입니다.

아파트이기 때문에 일반주택에서 볼 수 없는 특별한 문제가 발생하는 것은 아닙니다. 다만 현대의 아파트는 자연환경의 다양한 영향력을 무시한 채 기능적인 편리함만을 지나치게 추구하고 있기 때문에 그로 인해 여러 가지 문제점들이 생길 가능성이 높은 것입니다. 몇 가지 예를 들자면 고층화로 인한 지기地氣 부족, 재개발과 건설회사의 이익 추구로 인해 발생하는 아파트의 조밀성, 주변의 지형과 어울리지 않는 동 배치와 좌향 선택 등 이런 획일적 구조는 사람의 건강을 해치고 정서를 황폐하게 만드는 큰 원인이 됩니다.

그러나 궁금해하시는 재물운은 각 개인의 운과 노력에 달려 있지 아파트 자체의 문제로 생기는 것은 아닙니다. 그래도 아파트 생활이 걱정이 되신다면 다음의 사항들을 한번 살펴보시기 바랍니다.

창문의 상단은 가린다 아파트의 창문은 대부분 창문의 상단이 천장에 맞닿아 있는데, 문의 상단 높이와 같은 선까지 늘어지도록 미니 커튼이나 기타 장식물을 설치하여 창문의 상단을 가릴 필요가 있습니다. 현대의 주거공간에서는 양호한 채광과 통풍을 위하여 창문의 크기가 점점 커지고 있지만 창문이 지나치게 크면 실내에 머물러야 할 좋은 기운마저도 바깥으로 쉽게 빠져나가게 됩니다. 따라서 커튼은 하지 않더라도 반드시 창문 상단을 어느 정도 가릴 필요가 있습니다. 창문 상단을 가리면 마음이 안정되고 편안해지는 것을 느낄 수 있습니다.

베란다는 트지 않는다 거실 쪽 내창을 허물고 베란다를 터서 실내를 확장하는 것은 아파트의 공간 비례를 깨트립니다. 공간의 비례가 깨어지게 되면 좋은 기가 머물지 않게 됩니다.

주방과 화장실은 항상 청결하게 주방은 부富를 상징하고 물은 재물을 상징합니다. 그래서 주방과 물이 빠져나가는 화장실, 이 두 곳은 늘 청결하게 관리해야 합니다. 특히 화장실의 습하고 지저분한 냄새는 집 안의 좋은 기운들을 깨트리게 되므로 화장실은 더욱 깨끗하게 관리해야 합니다.

기타 여러 가지 방법이 있지만, 풍수의 주술적인 방법에 너무 의존하지 마시고 이성적인 노력으로 해결하시기 바랍니다.

4 풍수로 사람의 마음을 움직인다

자꾸 우울해져요

Q 하도 답답해서 질문을 드립니다. 제가 사는 곳은 아파트 1층이고 주변 환경도 좋은 편입니다. 이사온 지는 1년이 되었고요. 그런데 이상하게 올 여름부터는 항상 기분이 우울하고 답답합니다. 아파트 1층이어서 창문과 베란다 앞에 나무들이 많거든요. 그런데 요즈음은 나무를 쳐다보기도 싫어요. 햇빛도 안 들고 기분도 침울하고 무척 답답합니다. 남편과 애들은 괜찮은 것 같은데 저만 그런가 봐요. 저번 반상회 때 얘기하다 보니까 저말고도 그런 분이 몇 분 있었습니다. 어떻게 해야 할지 가르쳐주세요.

A 초목이 너무 많으면 사람의 기운을 빼앗아가고, 너무 적으면 땅의 기운을 간직하지 못합니다. 그리고 현대주택에서 채광과 통풍은 매우 중요합니다. 그런데 아파트 1층 창문 가까이에 키 큰 나무가 너무 많으면 햇빛이 차단되고 습기가 많아져 사람의 기가 약해집니다.

특히 사주 상 토±의 기운이 부족한 사람들이 이런 환경에서 계속 산다면 건강이 나빠지고 심적으로 불안해지기도 합니다. 목木과 토는 서로 상극관계이기 때문입니다. 따라서 아파트나 주택을 설계할 때 조경은 법적인 면적에만 신경 쓸 것이 아니라 수목의 종류와 심는 위치를 처음부터 잘 따져야 하며, 아파트나 주택을 고르실 때에도 이 점을 유의해서 살펴봐야 합니다.

자, 풍수적 처방을 드리도록 하겠습니다. 우선 창문 가까이 있는 나무를 옮겨 심거나 가지치기를 하십시오. 만약 이것이 어렵다면 조명기구로 실내를 밝게 한 다음 흰색 계통으로 도배를 하십시오. 흰색은 오행의 금金을 상징하는데, 금의 기운이 나무木의 기운을 억누를 수 있기 때문입니다. 이런 풍수적 처방을 통해 아파트 앞 조경수로 인한 부정적인 영향력을 줄일 수 있습니다.

좋아하는 사람의 마음을 얻고 싶어요

Q 말하기 약간 쑥스럽지만 용기를 내겠습니다. 제 바로 앞자리에 있는 직장 동료에게 관심이 있습니다. 그도 저에게 관심이 있는 듯합니다. 그런데 문제는 제 바로 옆자리에 있는 사람이 저를 자꾸 귀찮게 한다는 것입니다. 옆자리의 남자 때문에 그 사람과는 이도저도 아니게 되고 있습니다.

사실 점쟁이도 찾아가 보았는데, 한 달이 지나도 효험이 없습니다. 어렵고 황당한 질문을 드려서 죄송해요. 미국에 있는 언니가 유사한 일로 미국의 풍수전문가에게 도움을 받았다고 해서 저도 용기를 내서 도움을 청하는 거예요.

당하는 분 입장은 괴롭겠지만 흥미로운 질문입니다. 균형을 통하여 사람과 환경과의 조화를 꾀하는 생활풍수와는 거리가 있고 약간은 이기적인 질문이지만, 나름대로 답변을 드립니다.

본인의 책상 왼쪽이든 오른쪽이든, 귀찮게 하는 남자가 앉아 있는 방향 쪽 책상 밑에 거울을 붙여 상대방의 관심을 반사시키거나, 아니면 본인의 책상 위에 가시가 많은 선인장을 놓으면 됩니다. 이 방법은 풍수의 주술적 해법으로 다소 엉뚱해 보이지만, 먼저 본인의 마음가짐을 단속하여 답답한 상황에 보다 유연하게 대처할 수 있는 여유를 갖게 할 것입니다. 그리고 관심 있는 남자의 사진이나 소지품을 본인의 침실 남서쪽에 두면 사랑을 성취하게 됩니다.

그러나 사람의 상호관계에서 절대적인 것은 없습니다. 귀찮게 하는 분의 심정도 잘 이해해주시기 바랍니다.

시아버님께서 불안해하세요

시부모님께서 이번에 한강 바로 옆의 아파트로 이사를 하셨습니다. 동부이촌동 S 아파트인데요, 전망은 너무 좋아요. 도로변의 8층이고, 도로의 소음은 창문을 교체해서 잘 들리지 않습니다. 그런데 이사한 지 며칠 지나지 않아 시아버님께서 불안해하시고 잠을 못 이루십니다. 강물을 보시고 불안해하시고 머리가 아프시다고도 하세요. 제 생각에는 풍수와 연관이 있는 듯한데, 도와주세요.

한강 바로 옆의 아파트는 수水의 기운이 강한 곳입니다. 오행의 수는 사람의 지성과 감성을 관장하는데, 만약 수의 기운이 선천적으로 과한 사람이 한강 바로 옆에서 살게 되면 두통과 우울증 등이 생길 가능성이 높아지고, 아주 예민하고 날카로워지기도 합니다.

노인분들은 한강이 바로 보이는 곳이나 개울물 소리가 들리는 곳을 본능적으로 싫어하는 경향이 있습니다. 이때에는 지나치게 강한 수의 기운을 막아주는 치방을 하시기 바랍니다. 물론 오행의 분포를 따져 모자란 기운을 색상으로 채우는 것도 중요하지만 이 경우라면 우선순위를 물의 기운을 막는 것에 두어야 합니다. 수의 기운을 억누르는 토土의 색상인 아이보리나 옅은 갈색의 바닥재나 도배지를 사용하시고, 베란다에 흙을 주로 사용한 아담한 인공정원을 만드시면 마음이 편안해질 것입니다.

이런 풍수적 처방과 더불어 이성적인 노력도 함께 이루어져야 합니다. 그러니 시아버님을 병원에 모시고 가서서 진료를 먼저 받으실 필요가 있습니다.

옆 건물이 왠지 눈에 거슬립니다

우리 아파트는 새로 지은 아파트인데 동과 동 사이의 거리가 좁은 고층 아파트입니다. 그런데 앞 동의 끝이 포개진 듯 배치되어 있고 앞 동의 날카로운 모서리가 우리 거실을 똑바로 향하고 있습니다. 생각해보니 앞 동 부녀회랑 우리 동 부녀회랑 가끔 다투기도 하는데 선생님 말씀대로라면 단지 배치가 잘못되어서 그런 것 같기도 합니다. 걱정이 되어서 이렇게 문의드립니다. 어떻게 하면 될지 가르쳐주세요.

아파트 단지 배치를 그렇게 하는 것은 단지 시공회사의 욕심 때문에 생기는 어처구니없는 일입니다. 옆 동의 날카로운 모서리가 근거리에서 자기 아파트 거실을 응시하고 있다면 거주자는 무의식중에 불쾌감을 느끼거나 방해받는 기분이 들 수 있습니다. 이런 점은 당장에는 인식하지 못하더라도 잠재의식에 남아서 계속해서 좋은 기운을 저하시키고 부정적인 영향력을 행사합니다. 옛 어른들께서 밥상에 모로 앉아서는 안 된다고 말씀하신 이유도 이런 맥락에서 이해하면 됩니다.

그리고 이런 아파트 단지 배치는, 여러 사람이 같은 장소에서 각기 다른 사물을 보는 형국이기 때문에 서로의 관점이 달라져 다툼이 생길 수도 있습니다. 풍수에서 특히 중요시하는 기의 흐름이 틀어지기 때문에 옆 동과의 다툼도 많아집니다.

그렇다고 이런 문제를 해결하기 위해 아파트 단지를 통째로 들어서 그 위치를 옮길 수도 없는 노릇입니다. 따라서 이 경우에는 기의 흐름을 바꾸어줄 수 있는 보정물을 설치하도록 합니다. 옆 동 건물의 날카로운 모서리 끝 지점에 큰 나무를 심거나 모서리가 겹치는 옥상에 깃발이나 바람개비를 설치하면 기의 화살에서 발생하는 부정적인 영향력을 줄일 수 있습니다. 그리고 각 세대는 옆 동의 모서리가 보이는 베란다에 화분을 놓거나 베란다 유리창에 건축용 반사필름을 붙이면 됩니다.

북향은 풍수적으로 정말 안 좋나요?

주변 환경상 어쩔 수 없이 북향집을 지어야 하는데, 괜찮을까요?

Q 서울 인근의 전원주택 단지에 새로 집을 지으려고 합니다. 서울은 땅값도 비싼데다가 매물도 부족해서, 어렵사리 이곳을 찾게 되었고 저는 여기가 참 아늑하게 느껴집니다. 그런데 문제가 하나 있어요. 제가 산 전원주택 단지에는 십여 채의 가구가 모여 있는데, 모두가 북향집입니다. 저희 집을 지으려는 대지는 각도가 완만한 산기슭인데, 풍수의 전저후고前低後高 원칙을 따르려고 하니 북향집이 됩니다. 이미 땅은 계약을 한 상태이고, 어떻게 해야 할지 난감합니다.

A 산의 형태를 보면 자연스럽게 앞뒤를 구분할 수 있습니다. 등산을 갔을 경우 각도가 완만하고 방문객을 끌어안듯이 다정하게 감싸주는 곳이 일반적으로 산의 얼굴에 해당합니다. 산의 얼굴이 남향이나 동향이라면 그곳은 집을 짓기에는 최고의 적지로 볼 수 있습니다.

그러나 산의 얼굴이 북쪽을 향하고 있다면 집도 역시 북향을 선택해야 합니다. 전저후고의 원칙을 지키되, 창문의 크기와 위치를 정할 때 특별한 테크닉을 발휘하여 올바른 좌향과 양호한 채광을 동시에 얻을 수 있는 설계를 하면 됩니다. 예를 들어 대지의 남쪽에 집을 올리고 낮은 북쪽을 마당으로 사용하되, 집의 얼굴인 북쪽에 큰 창을 두고 남쪽에는 그보다 작은 창을 둘 수 있습니다.

침대머리가 북쪽입니다

Q 저는 풍수에 관심이 있는 평범한 주부입니다. 다름이 아니라 아이방에 침대를 새로 놓았는데 침대머리가 북쪽을 향하도록 배치할 수밖에 없었습니다. 북쪽으로 머리를 두면 좋지 않다는 말을 많이 들었는데, 침대머리를 다른 방향으로 두려 하니 방이 영 어수선해집니다. 좋은 방법이 있으면 가르쳐주세요.

A "북쪽으로 머리를 두고 잠을 자면 좋지 않다"라는 것은 잘못된 풍수 지식 중 대표적인 것입니다. 각 방위는 저마다 고유의 길상이 있습니다. 북쪽은 지혜를 얻고 눈에 보이지 않는 재물을 모을 수 있는 방위입니다. 또한 신장과 비뇨기 계통을 튼튼하게 해줍니다. 그렇기 때문에 북쪽이 부실한 집(예컨대 북쪽이 가파른 언덕이라든가)에 살면, 예를 들어 세무조사를 받거나 부부생활이 시들해질 가능성이 높아집니다. 침대는 방문과 창문에 따라 가장 편안한 위치에 두면 됩니다. 여러 차례 말씀드렸지만, 방문의 대각선 벽 쪽으로 침대머리가 오도록 하는 것이 가장 좋은 침대 배치입니다. 침대머리가 북쪽을 향하고 있다면 자연스럽게 북쪽의 기운을 받는 방이 됩니다. 그러니 아무 염려 마시고, 방의 생김새에 맞게 침대를 두시기 바랍니다.

흉가에 집을 지으려 합니다

Q 시부모님께서 P동에 집을 사려고 합니다. 그런데 그 집은 6개월 전부터 사람이 살지 않았다고 합니다. 시부모님께서는 집을 허물고 다시 지으려고 하시는데, 왠지 저는 영 꺼림칙합니다. 이웃집 말을 들으니 전에 살던 사람들에게 좋지 않은 일이 생겨서 집을 비워두었고, 그래서 싸게 파는 거라고 합니다.

평소 미신은 잘 믿지 않는데 막상 이런 일이 생기니까 걱정이 되어서 잠도 오지 않습니다.

A 부촌富村이라도 간혹 사업 실패나 건강 악화 등의 이유로 비워두거나 헐값에 팔려고 내놓은 집이 있습니다. 이런 집은 땅의 결함보다는 내부구조에 문제가 있는 경우가 대부분입니다. 집을 철거하고 새로 지으면 옛 기운이 가시기 때문에 특별히 문제될 것은 없다고 보여지지만, 이와 유사한 문제의 원인이 될 수 있는 다음의 사항들은 풍수전문가를 통하여 체크하시길 바랍니다.

- 기가 이동하는 골짜기를 집이 막고 있지 않는가?

- 집터 밑에 발견하지 못한 유골이 있지 않는가?

- 지하수맥이 흐르지 않는가?

- 개미집이나 큰 나무의 뿌리를 방치한 채 집을 짓지 않았는가?

이상의 상황들을 체크하시고, 집을 철거한 다음 한 달 정도 후에 집을 짓는 것이 좋습니다.

풍수는 환경과 인간의 조화를 따지는 체험적인 지혜입니다. 그렇기 때문에 풍수가 종교의 교리를 대신한다든지 종교적인 신념과 가치에 도전하지는 않습니다. 미국이나 영국에서는 교회를 지을 때도 종종 풍수전문가의 도움을 받고 있습니다. 풍수가 미신이라는 오해는 부디 하지 마시기 바랍니다.

그 방에만 가면 기분이 오싹해져요

Q 이번에 일산으로 이사를 했습니다. 융자도 좀 받고 빚도 얻어 처음으로 우리 집을 갖게 되었습니다. 단독주택인데, 평수에 비해 집이 싼 편이어서 얼른 계약을 하고 이사를 했습니다.

그런데 이건 순전히 저만의 느낌일 수도 있는데, 작은방에 들어가면 왠지 오싹한 느낌이 듭니다. 햇볕이 들지 않는 방이기도 하지만 단지 그 이유 말고도 뭔가 이유가 있을 듯한 기분이 듭니다. 아마 그 방에서 무슨 일이 있었던 것도 같습니다. 전주인에게 전화를 하니 그분들도 약간 그런 기분이 들기도 했답니다. 그래도 저는 이 집이 좋습니다. 뭔가 좋은 방법을 좀 가르쳐주세요. 집은 동남향이며, 방 세 개이고 거실, 주방, 화장실이 있고 작은방은 북향입니다. 풍수적인 해결 방법 좀 부탁합니다.

우선 이사 축하드립니다. 질문하신 글을 보니 충분히 이겨내실 것 같습니다. 풍수에는 공간배치법과 공간정화법이 있습니다. 건물 배치나 가구 배치와 관련된 공간배치법은 일반인들에게도 널리 알려져 있지만, 공간정화법은 우리에게는 약간 생소합니다. 그러나 공간정화법은 사악한 기운을 몰아내고 바르고 건강한 기로 실내를 채운다는 의미로 미국이나 영국에서 널리 행해지고 있는, 주술적인 측면이 강한 풍수의 기법입니다.

유독 작은방에서 오싹한 느낌이 든다면 그곳에서 과거에 그럴만한 일이 있었다고 볼 수도 있습니다. 부정적인 사건이 공간에 미치는 영향력은 그 사건이 지속된 시간과 강도에 따라 다를 수도 있습니다. 예를 들자면, 할아버지 할머니가 몇 년을 그 방에서 매일 싸우며 살았던 에너지보다 하룻밤 강도가 들어서 거주자가 해를 입은 에너지가 더 크다는 것입니다.

먼저 다음 사항을 체크하시기 바랍니다.

체크 사항	해결책
• 작은방의 창밖으로 병원의 영안실이 보이지는 않는가?	작은 종을 창문 앞에 매단다
• 땅속으로 수맥이 흐를 가능성은 없는가?	바닥에 수맥차단재를 깐다
• 창문에 근접한 나무가 창을 가려 햇볕을 완전히 차단하고 있지는 않는가?	실내 조명을 밝게 한다. 나무를 가지치기하거나 옮겨 심어서 채광을 잘 되도록 한다.
• 창문 바로 앞에 고압선이 지나가지 않는가?	
• 대지 밑에 미처 발굴하지 못한 유골을 그대로 두고 집을 지었을 가능성은 없는가?	

그렇지만 고압선이 지나가는 경우는, 전신주나 고압선을 이동하는 것 외에는 뾰족한 방법이 달리 없습니다.

이미 세워진 건물 밑에 유골이 있다면, 그 문제는 공간정화법을
활용해보기 바랍니다.

- 이사를 하는 것은 전 주인이 입던 의복과 신발을 그대로 물려입
  는 것과 같습니다. 그렇기 때문에 이사를 할 때는 도배를 새로 하
  고 바닥재를 교체하는 것이 좋습니다. 일반 주택이나 아파트도 3
  ~5년 주기로 칠을 하거나 도배를 하여 주거공간에 새로운 기운
  을 불어넣는 것이 좋습니다.
- 청소를 깨끗이 하고, 종교가 있다면 종교적인 모임을 가지거나
  아니면 찬송가나 스님의 염불을 항상 틀어놓으십시오.
- 방에서 가장 면적이 넓은 벽에 꽹과리나 징을 걸어두고 가끔씩
  울려보십시오. 오행의 금金은 의로운 기운을 상징하기 때문에 예
  로부터 사찰이나 한옥의 처마 끝에 풍경을 달아 쇳소리를 내어
  잡귀의 침범을 막았습니다.

창밖으로 공동묘지가 보여요

이번에 경기도 구리시의 아파트로 이사를 갑니다. 새 아파트이고
전망도 좋은 편입니다. 그런데 앞 베란다 창문 밖으로 공동묘지
가 보입니다. 영 기분이 좋지 않습니다. 시중에 있는 풍수책들을 보니 한
결같이 이런 전망은 좋지 않다고들 하더군요. 이미 계약을 했고 입주하기
로 되어 있어요. 제 마음이 강해질 수 있는 좋은 방법이 있다면 알려주세
요.

아파트나 주택, 사무실과 같이 사람들이 거주하고 생활하
는 곳에서 보이는 전망은 거주자에게 미래에 대한 다양한

암시를 주입시킵니다. 창밖으로 공동묘지나 병원의 영안실이 바로 보인다면 거주자는 '죽음'에 대한 부정적인 생각을 자주 할 수밖에 없습니다.

질문 내용만으로는 그 아파트의 구조를 정확히 알 수는 없지만, 이 경우처럼 전망이 좋지 않다면 우선 소파의 위치를 거실의 반대편으로 바꿀 필요가 있습니다. 일반적으로 아파트 거실은 출입문을 등지고 소파를 배치할 수 있게 설계된 경우가 많기 때문에 출입문을 바로 볼 수 있게 소파의 위치를 바꾸면 전망도 바뀌고 풍수적으로도 맞는 배치가 됩니다.

그 다음에는 창문에 건축용 반사필름을 부착하거나 베란다 천장에 유리구슬이나 종을 매달면 외부의 부정적이고 간악한 기운을 반사시켜 내부를 보호할 수 있습니다.

질문하신 분의 말씀처럼 자신의 마음을 스스로 강하게 하는 것이 올바른 풍수의 적용입니다. 우선 마음을 강하고 적극적으로 가지시고, 알려드린 풍수적 처방을 해보세요.

집 사고 나서 후회했어요

Q 남산에 새로 생긴 아파트로 이사를 갑니다. 이 아파트는 특이하게 앞은 높고 뒤는 낮은 남향 아파트입니다. 풍수책에 보니까 이렇게 뒤가 낮은 지형이 영 좋지 않다고 해서 기분이 꺼림칙합니다. 계약할 때는 몰랐는데 지금은 걱정이 많이 됩니다. 좋은 방법이 없을까요?

A 풍수에서는 기가 움직이면 마음이 따라간다고 합니다. 그리고 마음이 움직이면 행동이 바뀔 수밖에 없습니다. 앞은 막히고 뒤가 빈약하니 큰소리는 치지만 실속이 없습니다. 재물이

언덕 아래로 쓸려 내려가고 모일 장소가 없으니 낭비와 사치가 심합니다. 그러나 전저후고의 원칙이 중요한 만큼, 사람이 살아가는 공간에서 양호한 채광 또한 중요합니다. 이미 마음에서 이런 문제점들을 인식했다면 그 생각이 늘 잠재의식에 남아 자신감을 잃게 할 수도 있습니다. 풍수를 이용하여 언덕 아래로 흘러나가는 기를 잡을 방법을 말씀드리겠습니다.

- 아파트의 뒤쪽 언덕 아래에 거주자들이 눈부시지 않도록 조명기구를 설치하면 기가 다시 상승하게 됩니다.
- 아파트 내부의 지형이 낮은 쪽 벽의 아랫부분에 짙은 도배지로 도배를 하여 상징적인 언덕을 만들 필요가 있습니다.
- 일반적으로 방문과 창문의 위치를 따져서 잠 잘 때 머리를 어느 방향에 둘지 결정하게 되는데, 그러나 이 아파트는 경사가 급한 언덕의 영향력이 크기 때문에 지형이 낮은 쪽으로 머리를 두고 잠을 자는 것은 좋지 않습니다.

옷장이 방문을 가리고 있어요

 제 방은 침대 옆에 옷장을 두어서 방문이 보이지 않습니다. 침대에 누워 있을 때 방문이 보이는 것이 좋을까요?

굳이 풍수를 논하지 않더라도 옷장이 방문이나 창문을 가리고 시야를 막는다면 좋은 배치가 아닙니다. 기는 정체되어 있거나, 너무 천천히 또는 너무 빨리 흘러도 좋지 않습니다. 그런데 방에 가구가 너무 많으면 기의 흐름이 느려지고 정체되기 때문에 거주자는 짜증이 많아지고 건강이 나빠질 수 있습니다. 특히

침대 옆의 큰 옷장은 사람의 기를 위축시키고 옷장에서 생긴 날카로운 모서리가 사람을 압박합니다.

방문으로 유입되는 기는 사람에게 인생의 기회와 에너지를 공급하고 창문으로 유출 순환이 됩니다. 따라서 침대는 방문을 볼 수 있게 배치해야 합니다. 출입문이 열리는 방향의 대각선 벽 쪽에 침대를 배치하면 자연스럽게 방문이 보입니다. 만약 침대가 방문을 등지거나 방문을 볼 수 없다면 좋은 기를 받을 수 없고 항상 불안하게 됩니다.

아파트 거실의 소파 위치에 대해서

Q 강남에 사는 주부입니다. 이번에 아파트 평수를 넓혀 이사를 갑니다. 선생님께서 예전에 출연하신 MBC 심야스페셜 〈풍수로 보는 新 주거문화〉에서 거실의 소파 위치와 관련하여 말씀해주신 내용이 생각나서 이렇게 문의를 드립니다. 지금 살고 있는 아파트도 그렇고 새로 이사 가는 아파트도 그렇고, 소파가 거실 안쪽이 아니라 현관문 쪽으로 배치되게끔 전기 배선이 되어 있습니다. 이왕이면 풍수에 맞게 거실 안쪽에 소파를 두고 싶은데 무슨 방법이 없을까요?

A 거실의 소파 위치가 잘못되면 가족의 정서가 불안정해지고 건강을 해치게 됩니다. 소파는 출입문과 거실 창문을 바로 볼 수 있게 거실의 안쪽에 두어야 합니다. 그런데 대부분의 아파트는 소파를 출입문 쪽에 거꾸로 두게끔 각종 콘센트가 잘못 배치되어 있습니다. 이런 배치라면 좋은 기를 받을 수 없습니다. 다소 귀찮으시더라도 이사 전에 그 동네의 전기업자를 불러 콘센트의 위치를 옮기시기 바랍니다.

이런 아파트, 사야 할까요? 말아야 할까요?

Q 이번에 이사를 가려고 합니다. 이곳저곳을 보고 있는데, 옥수동의 J 아파트가 마음에 듭니다. 한강이 한눈에 들어오고 전망은 좋은데, 문제는 소음이 너무 심합니다. 그리고 그곳은 강북의 강변도로 옆이기 때문에 늘 차가 빠르게 다니고 어떤 때는 차가 꽉 막히기도 합니다. 이 광경을 보면 약간 정신이 어지러운 것 같기도 합니다. 전망이 좋아서 가격은 다른 동보다 비싸지만 소음과 차가 막히는 것을 보면 망설여집니다. 어떻게 할까요? 좋은 말씀 부탁드립니다.

A 자신과 가족을 위해 좋은 집을 구하는 수고는 아무리 힘들어도 행복한 일입니다. 가족이 편히 쉬고 에너지를 재충전할 수 있는 집은, 겉모양과 기능적인 편리성도 중요하지만 주변의 환경적인 영향력을 우선 고려해야 합니다. 물론 그 기준은 본인에게 있기 때문에 모두에게 똑같이 적용되지는 않습니다.

현실적인 문제로 소음이 너무 심하고 이로 인해서 고통을 받는다면 다른 곳을 찾으시기 바랍니다. 많은 차가 빠르게 다니는 광경은 자연스러운 기의 이동도 아니며 게다가 강변도로는 교통량도 매우 많은 곳입니다. 자신의 생활에 직접적인 영향을 미치지는 않지만 근거리에서 급격하고 복잡한 변화를 늘 접하는 사람은, 본인에게 직접적인 관계가 없는 일들에 대한 평가는 아주 쉽게 내리고 그 결과에도 관대한 편이지만 정작 자신의 일에는 이기적이고 소심하게 대처하는 경향이 많아지기도 합니다. 눈에 보이는 전경이 편하고 주변의 현실적 여건이 좋은 곳을 찾으시기 바랍니다.

풍수로 건강한 삶을 만든다

건강이 안 좋아요

Q 병에 걸리는 것도 타고난 사주 팔자와 관련이 있다는 내용의 모 박사학위 논문을 귀 사이트에서 읽었습니다. 제가 옛날에 이 사이트에서 사주를 입력하여 오행 분포를 분석해보았더니 목木이 다섯 개나 되었습니다. 제가 어려서부터 간이 나빴는데 논문의 내용에 딱 부합됩니다. 이번에 이사를 가는데, 그렇다면 제가 건강해지기 위해서 풍수적으로 할 수 있는 방법에는 뭐가 있을까요?

A 사주와 건강과의 상관관계는 확정적으로 단정할 수 있는 것은 아닙니다. 사주대신 '오운육기론五運六氣論'* 등을 통해서 건강 상태를 진단하기도 하며, 또 사주에 어떤 글자가 많다고 해서 그것이 무조건 '건강이 좋다, 좋지 않다'라고 단정적으로 암시하는 것도 아닙니다. 다만 추측 가능한 것은 그 부위가 민감점이 될 가능성이 많다는 것입니다.

* 고대 중국의 천문학, 기상관측학이 의학과 접목된 것으로, 기후 조건과 사람의 체질, 기상 변화와 인간 질병의 상관관계를 규명한 이론

　질문하신 분의 경우, 목의 기운이 조화롭게 되도록 풍수적 처방을 내릴 수 있습니다. 목을 상징하는 동쪽 방위를 잘 활용하는 것인데, 예를 들어 동쪽이 잘 발달된 집으로 이사를 가든가 동쪽으로 머리를 두고 잠을 잔다든가 하는 방법으로 목의 기운을 보충하는 것이 가능합니다. 집 안의 도배지도 목과 관련된 녹색 계통이 좋습니다.

　반대로 목이 기운이 지나치게 많아서 운기가 조화를 이루지 않고 건강도 나쁜 경우에는, 금金의 기운을 강화시켜야 합니다. 서쪽이 발달한 집으로 이사를 가든가 머리를 서쪽으로 두고 자는 것이 좋고, 도배지는 흰색 계통이 좋습니다.

　그러나 풍수적으로 더욱 중요한 것은, 이처럼 과한 기운을 억누르는 극단적인 방법보다 장기적이고 전체적으로 조화로운 기를 창출해야 한다는 것입니다.

청계천 복원에 대한 풍수적 관점

서울의 중심부에서 동남쪽으로 흐르는 청계천은 인위적으로 개발된 도심의 하천으로서, 조선초부터 홍수를 조절하고 각종 생활하수가 빠져나가는 배수구 역할을 해왔다. 서울의 기의 흐름을 전체적으로 살펴보면, 온 나라를 움직일 수 있는 큰 기운이 광화문 앞의 대로를 통하여 유입되어 청계천으로 유출되고 있다. 그런데 기는 지저분하고 어두운 곳으로는 유입과 유출이 잘되지 않기 때문에 서울의 기가 배출되는 주된 통로인 청계천이 현재처럼 어둡고 지저분한 상태라면 기의 통로 기능을 제대로 수행하지 못할 것은 뻔한 일이다.

오행의 수水는 지혜와 관련이 있으며, 신장과 비뇨생식기를 관장하며, 남아男兒를 상징하는데, 청계천 복개 이후부터 지금까지 역대 많은 대통령들의 친인척들이 비리를 저질렀지만 유독 김영삼, 김대중 전 대통령의 아들들이 연이어 구속되는 사건이 발생한 것은 서울의 배뇨기관인 청계천과 연관되는 특별한 메시지일 수 있다. 땅과 강을 유기적인 생명체로 본다면 이러한 사건들은 청계천의 복구 메시지를 제때 받아들이지 못한 경고로도 보여진다.

풍수에서는 큰 도로나 강을 통하여 기가 움직인다고 보는데, 특히 강은 생명의 에너지를 사람들에게 운반·공급한다. 따라서 향후 복구된 청계천은 서울 시민에게 신선한 생명의 에너지를 다시 공급하게 될 것이며, 시민들의 메마른 정서를 치유해주고 생기와 여유를 갖게 할 것이다. 또 서울의 부실한 배설기관의 치료를 통해 지금까지 깨져 있던 균형을 바로잡는다는 의미가 강하기 때문에, 이러한 변화는 지금까지와는 전혀 다른 새로운 일들이 시작되고 있음을 암시하기도 한다.

이처럼 중요한 의미를 띠는 청계천 복구인 만큼, 상인들의 이해관계와 교통량 조절

등의 문제에 지나치게 얽매여서 근시안적으로 공사를 진행해서는 안 될 것이다. 만약 청계천 같은 소규모 하천 주변에 대형 빌딩들을 근접하게 잔뜩 세우게 되면 햇빛이 가려지고 하천의 기운도 건물들의 압박을 받아 약해지게 된다. 이렇게 되면 우리가 기대하는 자연의 생기와 여유를 얻을 수 없게 되고, 게다가 청계천의 형세는 마치 외부와 연결되는 긴 관처럼 되어 도심의 기를 순식간에 밖으로 유출시켜버릴 것이다. 이는 입으로 들어온 물과 음식이 몸의 여러 장기를 거치면서 수분과 영양분을 골고루 공급하지 못하고 목으로 연결된 관을 통해 곧바로 빠져나가는 형국이 되어버리는 것이다. 그렇게 되면 서울시의 좋은 아이디어나 정책은 제대로 채택되지 않게 되고 시민들이 열심히 번 돈마저 쉽게 빠져나가기 때문에 서울은 돈을 물 쓰듯 하는 향락의 도시가 될 위험마저 있다.

대한민국 건국 이후 수많은 대 역사役事가 있었지만 이처럼 땅이 자발적이고 적극적으로 복구의 메시지를 전달한 예는 없었다. 이러한 현상은 비단 청계천 복구뿐만 아니라 지금까지와는 전혀 다른 각도에서 환경문제를 인식해야 한다는 의미로 받아들여야 할 것이다. 역사를 돌이켜볼 때, 청계천 복원은 대한민국 건국 이후 최고의 상서로운 조짐이며 지금까지와는 전혀 다른 새로운 일들이 시작되고 있음을 알리는 첫 신호이다. 부디 막중한 책임을 진 서울시장 이하 관계자들은 사안의 중요성을 다시 한번 인식하고 장기적이고 합리적인 계획을 수립하기를 바란다.

—이 글은 2002년 6월에 쓰여졌습니다.

5. 건강한 집 구경하기

풍수전문가는 마음의 변화를 읽고

좋은 기운이 머무는 집으로 만드는 동시에

기능적으로도 편리하고

효율적인 공간을 만들어야 한다.

따라서 아무리 뛰어난

풍수전문가일지라도 건축과

인테리어에 대한 전문 지식과

시공 경험이 부족하다면

풍수적으로 좋은 집을 만들 수 없다.

마찬가지로 건축과 인테리어 방면의

전문가가 기능적인 효용성을 추구한

집을 만들었다고 해도 생활풍수에 대한

지식이 없다면 어딘지 모르게

불안정하고 마음이 편치 못한 공간이

되어버릴 위험성이 있는 것도 사실이다.

지금부터 생활풍수와

인테리어의 조화로운 결합을 통해 시공된

실제 주택을 살펴보면서,

생기가 샘솟으면서 동시에 아름답고

편리한 집이 어떻게 지어질 수 있는지

하나하나 알아보도록 하자.

풍수전문가는 마음의 변화를 읽고 좋은 기운이 머무는 집으로 만드는 동시에 기능적으로도 편리하고 효율적인 공간을 만들어야 한다. 따라서 아무리 뛰어난 풍수전문가일지라도 건축과 인테리어에 대한 전문 지식과 시공 경험이 부족하다면 풍수적으로 좋은 집을 만들 수 없다. 건물의 구조에 대한 개념적인 이해와 심미적인 감각이 없는 사람이 단편적인 풍수 지식을 적용하여 건축과 인테리어를 하려고 한다면 오히려 엉뚱한 결과물이 나올 수도 있다. 마찬가지로 건축과 인테리어 방면의 전문가가 기능적인 효용성을 추구한 집을 만들었다고 해도 생활풍수에 대한 지식이 없다면 어딘지 모르게 불안정하고 마음이 편치 못한 공간이 되어버릴 위험성이 있는 것도 사실이다.

좋은 설계와 생활풍수는 현대적인 것과 오래된 미신이라는 식의 양극단에 있는 것이 아니라, 마음이 편안하고 기능이 편리한 최고의 집을 짓기 위해 반드시 갖추어야 할 건축의 중요한 두 가지 측면으로 이해해야 한다.

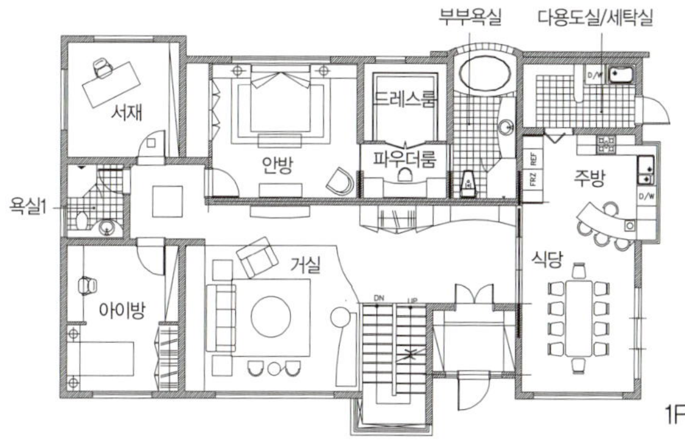

생활풍수 전문가와 인테리어 전문 디자이너가 연합하여
시공한 주택입니다.
시공에 참여한 분들

기획 & 풍수 자문 & 인테리어 시공—태홍디자인(대표 정동근)

건축 설계—Kevin Kim

　　　　　　　(전 종합건축사 사무소 問·三 근무, 미국 건축사)

인테리어 설계 · 전체 공정 감리—윤혜경(Kosid 이사, 윤인테리어즈 대표)

건축 시공—장학건설

　지금부터 생활풍수와 인테리어의 조화로운 결합을 통해 시공된 실제 주택을 살펴보면서, 생기가 샘솟으면서 동시에 아름답고 편리한 집이 어떻게 지어질 수 있는지 하나하나 알아보도록 하자.

방위를 고려하여 설계한 집

- 건축주가 지니고 있던 양지 바른 터. 대지가 주변에 비해 낮아 전망을 좋게 하기 위해 대지를 북돋는 작업을 하였다. 대지 형태는 동서남북 어느 한 곳으로 치우치지 않게 반듯하게 다듬고, 주택 형태는 직사각형으로 원만하게 잡았으나 포인트를 주기 위하여 현관, 서재, 주방 등이 돌출되도록 하였다.

- 이 주택은 남향에 남동쪽 대문으로, 안방·부엌·대문이 북·동·남동에 위치한 동사택東舍宅 구조로 설계하였다. 북쪽은 높고 남쪽이 낮은 지형의 대지이고 앞쪽으로 도로가 지나가고 있어서, 지형에 따라 남향을 선택하였다. 향의 반대편에 주主를 배치하기 때문에, 이 주택의 경우 우선적으로 북쪽에 안방을 배치했다. 그 다음 오행 이론에 따라 북쪽과 상생관계를 이루는 동쪽에 부엌을, 동남쪽에 대문을 배치하였다. 이렇게 배치하면 동서사택론에도 부합할 뿐 아니라, 대문은 ㄱ자로 꺾어진 바깥 도로에서 차량과 식구들이 가장 편하게 출입할 수 있는 지점이고, 안방은 도로의 소음과 진동이 미치지 않도록 출입문에서 가장 멀리 떨어진 곳에 배치되기 때문에 일반적인 설계의 관점과 풍수가 잘 부합되는 이상적인 배치이다.

- 기복이 없는 발전적인 생활을 위해서 실내 바닥은 평평하게 하였고, 가족의 원만한 의사소통을 위해서 복잡한 미로식 구조는 피하였다. 또한 동판을 깔아 지하수맥을 차단하였다.

힘찬 출발을 위한 기운찬 출입문

일반적으로 주택에서 현관문을 열자마자 막힌 벽을 먼저 보게 된다면 기가 순조롭게 유입되지 않지만, 현관이 넓고 거실 벽과의 거리가 충분한 경우라면 중문을 설치하는 것이 기의 유입도 양호하고 빠르게 들이치는 기의 속도를 늦추는 효과가 있다. 좋은 기운을 유입시키기 위해 현관 부근이나 신발장 위에 초록색 식물의 화분을 두는 경우도 있으나, 출입자를 허둥거리게 만들고 행동을 제약하는 화분보다는 초록색 식물 사진이나 그림 액자를 거는 것이 보다 효과적인 방법이다.

- 현관문은 마당의 진입로 폭과 주택의 규모에 맞게 충분히 넓게 하였고 문을 바깥으로 열도록 하여 기가 외부로 뻗어나가게 하였다. 복을 받아들이기 위해 문을 안으로 여는 것과 힘찬 출발을 위해 문을 바깥으로 여는 것은 인식의 차이로 볼 수 있다. 그러나 마당의 대문은 안으로 열려야 하지만 아파트나 주택의 현관문은 바깥으로 열리도록 해야 한다. 현관문이 안으로 열리면 신발을 벗기도 불편하고 공간이 좁아져 현관에서부터 짜증이 생길 수 있기 때문이다.

기복 없는 발전적 삶을 위한 안방 구조

주택의 3요소는 문門, 주主, 조인데, 문은 양의 기운이 강조되며 활동을 개시하는 출발점인 반면 주는 음의 기운이 강조되는 에너지 충전의 공간으로서, 안방이나 침실이 주에 해당된다.

- 창문은 비교적 큰 것이 좋지만, 지나치게 크면 실내에 머물러야 할 좋은 기운마저 창문을 통해 쉽게 빠져나가기 때문에 재물이 모이지 않게 된다. 침실 창문을 바닥까지 내려오도록 만들면 기가 쉽게 빠져나가기 때문에 숙면을 취하기 어렵다. 창문 상단은

거주자의 키보다 높게 하여 기의 억눌림을 막고 답답하지 않게 하였고, 창문 하단은 침대머리 높이보다는 높게 만들어서 좋은 기가 머물 수 있도록 하였다.

● 창문과 방문 그리고 장롱의 높이는 모두 통일하였다. 실내의 기를 공기의 흐름만으로 본다면 탁한 공기를 배출하기 위해 창문을 천장에 바짝 붙여야 하지만, 거주자의 심적인 안정과 기복이 없는 발전적 생활을 위해서라면 창문을 방문과 가구의 상단 높이와 통일하는 것이 좋다. 일반적인 아파트와 주택에서 붙박이장의 높이를 창문과 방문의 높이와 맞추기는 사실상 어렵지만 단독주택을 신축한다면 이 점을 고려해볼 만하다. 이때 붙박이장 문과 천장 사이의 틈을 가리는 써라운딩의 경계선이 문의 상단과 일치되게 한다. 또한 창문의 상단이 천장에 맞닿아 있다면 문의 상단 높이와 같은 선까지 늘어지도록 창문에 레이스나 밸런스를 설치하여 창문 윗부분을 가리도록 한다.

기를 고양시키는 높은 천장의 거실

가족이 자주 모이는 거실은 천장을 2층까지 오픈하여 억압감을 느끼지 않고 기가 고양되도록 하였다. 거실 천장이 높으면 채광과 통풍이 잘 되고 실내의 기도 더 원활하게 순환이 된다.

● 남향에 자리 잡은 거실 전면에는 양호한 채광과 통풍을 위해 통창을 설치하였으나, 큰 창문으로 기가 쉽게 빠져나가는 것을 막기 위하여 격자 형태로 하였다. 그러나 창문의 격자 형태가 너무 작으면 거주자의 시야를 가리고 거주자의 기를 압박하기 때문에, 거실의 격자창문은 거실 규모와 창문 크기에 맞게 적당히 커야 한다.

● 거실 실내 마감재는 모노톤으로 차분하게 처리하였고, 무광 처

리된 은색조의 금속이나 유리 등을 이용하여 현대적인 분위기로 꾸몄다. 거실 벽면은 밝고 부드러운 아이보리색으로 처리하여 그림을 걸 수 있는 전시공간을 겸하도록 하였다. 바닥 전체에 온돌마루를 깔고 벽지는 차분한 톤으로 골라 전체적으로 부드러운 분위기가 나도록 했다.

- 소파에 앉아서 대문과 마당의 진입로를 관찰할 수 있게끔 소파를 배치하였고, 소리 에너지가 활성화되어 소리의 울림이 생생하도록 동쪽에 텔레비전 등의 가전제품을 두고 소파는 서쪽에 배치하였다. 텔레비전이나 오디오 등 기를 증폭시키고 생기를 발생시키는 기기들은 동쪽에 배치하는 것이 가족의 화목을 증진시킨다.

가장의 자리인 건방위에 배치한 서재

- 안방에서 가까우면서도 북서쪽 자리에 서재를 배치하여 공간의 기능성과 풍수적 조화를 함께 살렸다.
- 팔괘에서 가장의 자리인 건방乾方 북서쪽에 서재를 배치했다.
- 마무리하지 못한 바깥일을 정리하거나 독서를 하는 등 서재의 공간적인 기능을 고려할 때, 조용하면서도 안방에서 가까운 곳이 서재를 배치하기에 가장 적절하다.

개성과 연령대를 고려한 자녀방

- 아들 방은 2층 동쪽에 두었다. 이는 주택의 가장 높은 곳에서 장남을 상징하는 동쪽의 기운을 얻기 위함이다. 창문 밖 테라스에 목재 데크를 시공하여 충분한 여유공간을 두어 아이가 활동적으로 놀 수 있는 공간을 확보하였다. 방에 들어서자마자 곧바로 눕고 싶은 마음이 들지 않게끔 공부방과 침실을 구분하는 파티션을 만들어 공간을 분할하여 침대를 별도의 공간에 배치하였다.

방에서 기의 흐름이 가장 부드러운 곳에 침대를 두고 침대 옆에 붙박이장을 설치하여 항상 깔끔하고 정돈된 분위기를 만들 수 있어 심리적으로 안정감을 가질 수 있게 하였다. 책상을 창문 쪽으로 배치할 수밖에 없어서 창문에 꼭 맞는 롤스크린을 설치하였다.

● 딸 방은 어린 딸을 부모가 항상 보살필 수 있도록 1층 안방 가까운 곳에 배치하였다. 딸 방의 책상은 침대 옆에 나란히 두었고 벽을 바라볼 수 있도록 배치하였다.

원활한 기의 통로 역할을 하는 계단

긴 계단은 벽에 일정하게 벽등을 설치하거나 액자를 걸어서 지루함을 없애야 한다. 이때 계단의 중간과 끝에는 약간 큰 액자를 걸고 액자 하단의 높이를 바닥과 일정하게 맞추도록 한다.

계단실의 천장이 낮고 어두우면 기가 잘 소통되지 않아서 식구들의 움직임이 줄어들고 의사가 단절된다. 그렇기 때문에 비좁은 계단실은 천장에 거울을 붙여 공간이 확장되어 보이도록 하거나 조명을 밝게 하여 기의 소통을 원활하게 해야 한다.

풍수에서는 계단의 경사를 따라 재물과 기회가 쓸려 내려가고 실내의 기를 양분시킨다고 하여, 화장실과 함께 계단을 기본적으로 결缺한 곳으로 본다. 특히 밑판이 뚫려 있는 계단은 기를 상승시키지 못한다.

각각 독립된 기능을 수행하는 대형상가나 빌딩이 아니라면, 계단은 건물의 정 중앙에 배치하지 말아야 한다. 만약 회사에서 두 부서가 긴밀하게 협조해야 할 필요가 있다면 계단을 사이에 두지 말아야 한다. 주택에서 실내 중간에 계단이 있다면 기가 양분되어 가족의 의사가 단절되고 다툼이 생길 수 있다.

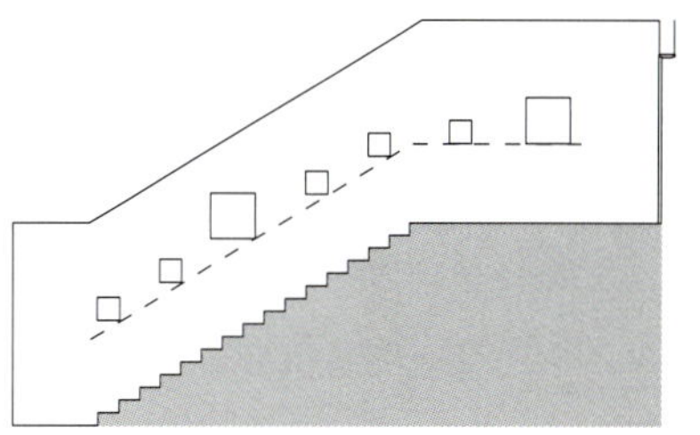

> ### ◆ 주의해야 할 사항
>
> 2층으로 상승하는 탁한 공기의 흐름을 차단하기 위해 계단실을 거실과 분리시켜 현관과 같은 구역으로 묶기도 하는데, 이런 시도는 단순한 공기 차단 효과 외에는 아무런 득이 없다. 이런 구조는 현관문을 열 때마다 항상 계단을 먼저 보게 되어 거실로 유입되어야 할 기가 계단으로 움직이고, 기의 유입구인 현관은 답답하고 꽉 막힌 공간이 되며, 실내의 동선마저 길어져 거주자를 피곤하게 만들기 때문이다.
>
> 상공간의 경우, 계단의 경사를 따라 재물이 빠져나가니 계단 옆에는 절대 계산대를 두지 말아야 한다. 계단의 끝이 출입문과 가까워도 재물이 그대로 빠져나간다.

- 계단은 위층과 아래층의 기를 연결하는 통로이다. 따라서 계단
  을 너무 길거나 가파르지 않게 하고 적당히 넓게 하였다.

재물을 부르는 주방

- 주택의 부富를 상징하는 주방은 동쪽이 길하다. 풍요로운 식생활
  과 부는 직결되기 때문에 주택에서 주방은 부를 상징한다. 서양
  풍수사들은 주방의 가스레인지 뒤에 거울을 붙여 화구의 수가
  많아져 보이는 것을 권하기도 한다.
- 생기가 충만한 아침의 기운을 주부가 듬뿍 받을 수 있도록 주방
  은 동쪽에 배치하였다. 건강한 기가 충만한 주부는 식구들에게
  긍정적인 에너지를 제공한다.
- 개방감을 주기 위하여 통창을 달았다. 주방 바로 옆의 식당은 주
  부의 동선을 짧게 하고 기능 위주로 간결하게 배치하였으며, 가
  족간의 원활한 대화를 위해 간이식탁을 배치하였고 식사 중에도

식당 출입문과 대문을 볼 수 있게 하였다. 식탁 위에도 간접조명
으로 은은한 분위기를 냈다.

위생적이고 쾌적한 화장실

풍수에서는 계단과 함께 화장실을 결缺한 곳으로 본다. 재물을 상
징하는 물이 빠져나가고 습하고 탁한 기운이 고여 있는 화장실은
어느 방위에 있더라도 좋은 의미가 아니기 때문이다. 서쪽*에 화장
실이 있으면 젊은 여자로 인하여 가정 불화가 생기고 금전적인 손
실을 입을 수 있다. 동쪽에 화장실이 있다면 장남의 신변에 좋지
않은 문제점이 생길 수 있다. 이는 팔괘의 각 영역을 화장실의 탁
한 기운이 깨뜨리기 때문인데, 이처럼 깨져버린 균형을 조절하기
위해 에너지가 소모되고 다양한 문제점들이 생기게 되는 것이다.

풍수에서 보는 화장실의 결함은 악취와 지저분함으로 인해 화장
실이 위치하는 쪽 방위의 기가 소모되기 때문에 생기는 것이다. 따
라서 이미 실내에 들어와 있는 현대의 화장실이라 하더라도 그곳
이 습하고 탁한 공간이 된다면 역시 같은 문제점들이 생길 수밖에
없다. 그렇기 때문에 화장실은 항상 청결하고 밝게 관리하여 기가
잘 통하는 공간으로 만들어야 한다.

사실, 방위에 집착하는 풍수 이론에 맞추다 보면 화장실을 둘 곳
이 마땅치가 않다. 그러나 현대주택에서 화장실은 이미 실내로 들
어왔고, 재래식 화장실처럼 용변만을 보는 더럽고 악취가 나는 곳
이 아니라 욕실의 기능을 겸한 위생적으로 아주 중요한 공간이 되
었다. 따라서 화장실을 청결하고 쾌적하게 잘 관리하기만 한다면,
집의 전체적인 구조를 따져서 적절한 곳에 배치하면 된다. 다만 오
행 중 수水를 상징하는 북쪽은 피하는 것이 좋고, 현관문에서 화장
실이 바로 보이지 않게만 한다면 문제될 것이 없다.

풍수에서는 "큰 것이 작은 것의 의미를 삼킨다"라는 말이 있다. 화장실 문은 큰데 바로 옆에 붙은 아이방의 방문이 작다면 화장실의 탁한 기운이 아이의 기를 압도하게 되기 때문에 화장실 문의 크기는 아이방의 방문 크기보다 크지 않도록 주의한다. 그리고 이런 경우는 좀처럼 찾아보기 힘들지만 혹 불가피하게 화장실의 문이 식당이나 거실과 가깝거나 마주 보고 있다면 화장실 문을 조금이라도 작게 만들도록 해야 한다.

화장실 내부를 검정색이나 짙은 색으로 꾸미는 것은 피하도록 한다. 가뜩이나 습기가 많은 화장실에 수水의 기운을 가진 짙은 갈색이나 검정색을 사용한다면 기가 침체되고 기분마저 침울하게 된다. 비좁은 화장실을 짙은 색 타일로 마감한다면 식구들은 잘 씻지도 않고 머리도 감지 않아 그 집에 사는 사람들은 유달리 모자가 많아질 것이다.

일반적으로 화장실은 흰색 계통으로 마감하는 것이 좋다. 오행 중의 금金을 상징하는 흰색은 청결과 소독의 의미를 지니고 있기 때문이다. 따라서 화장실에는 흰색이나 아주 옅은 아이보리색의 타일이나 위생구가 적격이다.

요즈음 아파트 화장실에는 뒷베란다로 통하는 작은 창문을 달아 자연 환기가 될 수 있게 한 구조가 있는데, 이는 사방이 막히고 탁한 기가 정체되어 있는 습한 화장실에 생명을 불어넣는 것이므로 이런 구조라면 실내의 어느 곳에 화장실이 있더라도 아무런 문제가 없을 것이다. 이처럼 화장실에 외부와 통하는 창문이 있으면 탁한 기가 바로 빠져나가 실내가 쾌적해진다.

● 이 주택의 경우, 안방–드레스룸–화장실로 이어지는 동선의 편리함과 각 실의 배치를 고려하여 어쩔 수 없이 귀문방鬼門方*에 화장실을 두게 되었으나, 대신 변기를 북동의 정방향을 피해서

* 북동쪽과 남서쪽. 귀신이 출입하는 방위라 흉하게 여긴다.

설치하였다.

- 변기와 샤워부스 사이에 변기를 가리는 낮은 칸막이를 설치하여, 화장실과 욕실이라는 두 가지 용도에 맞게 공간을 구분하였고 화장실 문을 열었을 때 곧바로 변기가 보이지 않게끔 하여 안정감을 강조했다.
- 흰색 계열의 타일로 벽과 바닥을 마감하고 바닥에 난방코일을 깔아 습기를 제거하고 쾌적한 공간으로 만들었다.
- 전등 스위치와 환풍기 스위치를 구분하여 악취와 습기 제거를 위해 환풍기를 작동시킬 때 불필요하게 전등까지 켜지는 것을 막았다.

생기가 샘솟는 집 ⓒ 정동근 2003

1판 1쇄 | 2003년 12월 29일
1판 3쇄 | 2006년   9월   5일

지 은 이 | 정동근
기   획 | 박원우
펴 낸 이 | 김정순
책임편집 | 변경혜
펴 낸 곳 | (주)북하우스
출판등록 | 1997년 9월 23일 제1-2228호

주   소 | 413-756 경기도 파주시 교하읍 문발리 파주출판도시 513-8
전자메일 | editor@bookhouse.co.kr
홈페이지 | www.bookhouse.co.kr
블 로 그 | blog.naver.com/bookhouse1
전화번호 | 031-955-2555
팩   스 | 031-955-3555

ISBN   89-5605-086-4 13590

이 도서의 국립중앙도서관 출판도서목록(CIP)은 e-CIP 홈페이지(http://www.nl.go.kr/cip.php)에서
이용하실 수 있습니다.(CIP제어번호:CIP2003001681)